地球環境を守るレシピ

温暖化でおいしいお米が食べられなくなる⁉

気象予報士・キャスター
片山 美紀

はじめに

地球温暖化。私がこのことばをはじめて知ったのは小学生の頃でした。社会の授業の中で、環境問題の一つとして学びました。「詳しくはわからないけれど、どうやら二酸化炭素というものが増えすぎると、未来の地球は暖かくなりすぎてしまうみたい。気温が上がると北極ではシロクマが生きていけなくなるかもしれない。かわいそうだけれど、きっと私には直接関係のない遠い国の話だろうなあ…」

──当時の私が抱いた地球温暖化への印象はこの程度のものでした。

しかし、大人になった今、子どもの頃は想像できなかった事態に直面しています。夏の暑さは命に関わるほど危険なものとなり、大雨や台風による水害もあちらこちらで頻発しています。あらゆるメディアで「**地球温暖化**」や「**異常気象**」が盛んに取り上げられ、地球の気候が大きく変わっていると「**気候変動**」が世界中で問題になっています。2023年は世界全体で平均気温が観測史上最も高くなり、「**地球温暖化**」**を通り越して**「**地球沸騰《ふっとう》化**」**ということばも登場しました。**

このまま地球の気温が高くなり続けて気候が変わっていくと、数十年後、数百年後は、現在と同じように地球で暮らすことは難しくなってしまうかもしれません。

ですが、こうしてニュースで見聞きしていても、**「そうはいっても何とかなるだろう」と感じている人もいるのではないでしょうか？**

では、**「地球温暖化によって、おいしいお米が食べられなくなるかもしれない。日本の食卓から消えてしまうかもしれない」**こう聞けば、どうでしょうか？ずいぶん印象が変わりませんか？

お米は温暖化によって品質が低下するという予測があり、すでに影響も出ています。最近はごはんを一切食べないという人もいるかもしれませんが、多くの日本人にとって品質の高いお米が手に入らなくなるのは辛いことではないでしょうか？お米だけではありません。肉、魚、野菜、果物も同じく気候変動の影響を受けるおそれがあり、私たちの食生活に大きな変化が起きそうなのです。

この本では、私たちの身近な食卓で起きる地球温暖化や気候変動の影響をお伝えしていきます。食の変化について知ることが、温暖化を遠い国の誰かの話ではなく、自分たちの身に起きる出来事として考えるきっかけとなればいいなと思っています。そして、地球温暖化や気候変動を食い止めるために、私たちはどんな行動を取ればいいのか一緒に考えていきます。

ただし、はじめに正直な話をさせてください。温暖化は今も進行している真っ最中で、地球の環境を守り抜くためには、私たち個人の努力だけでは不十分です。(「プラスチックごみを減らすためにレジ袋の使用をやめたくらいでは、地球の環境は何も変わらない」という声がありますが、確かにその効果はとても小さいといわれています)気候変動をストップさせるためには、国や社会全体が温暖化の原因となる二酸化炭素を排出しない仕組みを整えるなど、もっと大きな規模で変化する必要があるのです。

ですが、個人の小さな行いに全く意味がないということでは決してありません。私たち一人一

人が行動を変えて「このままではいけない。地球のために変化しないといけない」という声をたくさん届けることができれば、やがて国や社会全体のシステムが変化する可能性がきっとあります。

温暖化対策というと、豊かな暮らしを犠牲にして頑張ってやるものだというイメージがありますが、私はそうではないと思います。対策をすることで、新たな価値観と出会えたり、今よりもっと暮らしやすい未来を作っていけたりすると信じています。この本は、地球の未来を担う子どもたちにも、地球温暖化や気候変動について知ってもらいたいという願いを込めて、書かせていただきました。「自由研究に使えるワークシート」があるほか、「非常食を使った簡単料理」も紹介しています。ぜひ親子で一緒に取り組んでみてください。この本を通じて、未来の地球を守るためのレシピ（解決策）を一緒に考えていけたらうれしいです。

CONTENTS

第１章

今、地球で何が起きている!?
地球温暖化について知ろう

暑さはますます深刻に　40℃超えの「激暑」があたりまえに⁉

私たちの暮らす地球の気候がどんどん変化している。夏の異常な暑さや激しい雨の降り方から、そう感じることが増えた人は多いと思います。気象キャスターとしてテレビで天気予報を伝える私自身も、年々、暑さや雨の降り方のレベルが高まっていると実感しています。このまま事態が深刻になり続けると、未来の地球は一体どんな気候になってしまうのでしょうか。

環境省が制作した「２１００年　未来の天気予報」によると、未来の日本列島は衝撃的な「激暑」になっています。驚くことに２１００年には、九州から北海道の各地で最高気温が40℃を超えると予測されているのです。日本国内でこれまでに観測された最も高い気温は、埼玉県熊谷市（２０１８年7月23日）と静岡県浜松市（２０２０年8月17日）の41・1℃です。（※２０２４年3月時点）記録になるほどの極端な高温が、２１００年の日本では全国のあちらこちらで観測されているかもしれないとは…信じたくありませんね。

もしも、今以上の地球温暖化対策を行わなかった場合、21世紀末には東京都の猛暑日（35℃以上の日）は年間で約31日、真夏日（30℃以上の日）は約60日も増加すると予測されています。現在の東京の真夏日は年間で約52日なので、将来は１１２日になるという計算です。一年の約３分の１もの間が真夏だなんて、四季の変化も感じられず、暑すぎて生きていくだけでも苦労しそうです。

地球温暖化の原因は私たち人間が排出する「温室効果ガス」

毎年のように話題になる厳しい暑さは、地球温暖化の影響で引き起こされていることが、すでにわかって

「環境省制作　2100年未来の天気予報」をもとに作成

います。現在の地球は、過去１４００年で最も暖かくなっていて、日本の平均気温も変動を繰り返しながら上昇し、１００年あたりでは１・35℃の割合で上がっています。特に１９９０年代以降、高温になる年が頻繁に現れているのです。日本でも外国でも、猛烈な暑さが問題になっているというニュースを見聞きするほか、自分や周りの人たちが熱中症になったという経験のある人も多いのではないでしょうか？

それでは、地球温暖化はどうして起きているのでしょうか？その原因は、主に**温室効果ガスの急激な増加**だと考えられています。温室効果ガスは、その名の通り大気を暖める性質を持っています。代表的なものに二**酸化炭素**や**メタン**、**一酸化二窒素**、**フロンガス**などがあります。特に、二**酸化炭素は地球温暖化への影響が大きい温室効果ガス**として知られています。二酸化炭素の大気中の濃度は18世紀半ばから突如増え始め、２０００年前後からは急激に増加し、２０２２年には二酸化炭素、メタン、一酸化二窒素といった主な温室効果ガスの世界平均濃度がいずれも観測史上最高を更新しました。

18世紀半ばに何があったのかというと、イギリスで始まった「産業革命」です。産業革命とは、生産活動の中心が「農業」から「工業」へと移った社会の大きな変化のことです。技術の進歩によって、それまで人の手で行われていた様々な作業が機械化され、工場で大量にモノを生産できるようになりました。機械を動かすためには、石炭や石油、天然ガスなど大量の化石燃料が使われます。この時、二酸化炭素が大気中に大量に排出されたのです。

産業革命と同時に街の姿も大きく変わりました。新たに近代的な街を作ろうと、多くの木が切り倒されて森林が減少しました。木は二酸化炭素を吸収して栄養を作る「光合成」という働きを行うため、大気中に二酸化炭素が増加するのをおさえてくれます。（地球温暖化対策として、木を植えて育てようとするのはこのためです）森林がどんどん減ったことも追い打ちをかけ、大気中の温室効果ガスは一気に増えてしまったのです。

地球温暖化や気候変動について、全世界の人に向けて発表する「ＩＰＣＣ（気候変動に関する政府間パネル）」と呼ばれる組織があります。ＩＰＣＣには１９０を超える国と地域が参加していて、世界中の科学者や研究者が作成した報告書を数年に一度、発表しています。２０２１年に発表された報告書（ＩＰＣＣ第６次評価報告書）では、「人間の影響が大気、海洋、及び陸域を温暖化させてきたことには疑う余地がない」と明記されました。つまり「**地球温暖化は私たち人間によって引き起こされた**」とはっきり言い切ったのです。その前の２０１３年に発表されたＩＰＣＣ第５次評価報告書では「温暖化の主な要因は、人間の影響の可能性が極めて高い」としていましたが、第６次報告書ではじめて断定しました。私たちがたくさんの電気を使って快適に生活できるのは大量の化石燃料を使用しているためですが、便利な暮らしと引き換えに地球に負担をかけてしまっているのです。

実はなくては困る⁉　温室効果ガスについて知ろう

地球温暖化の原因である温室効果ガスについて、もう少し詳しくひもといてみましょう。これまでの話を聞くと、温室効果ガスはやっかいなものというイメージを持たれたかと思いますが、私たちが地球で生活するためにはなくてはならない存在でもあるのです。

地球の表面は「大気」と呼ばれるうすい膜でおおわれています。この大気中に酸素や窒素のほか、二酸化炭素などの温室効果ガスが含まれています。もしも温室効果ガスがまったくなかったら、実は地球の表面の温度はマイナス19℃ほどしかないという計算になり、寒すぎてとても生きていけないのです。

温室効果ガスはどんな役割をしてくれているのか、じっくり考えてみましょう。みなさんは晴れた日に太陽の日ざしを身体に受けると、ポカポカとして暖かいなあと感じますよね。これは、地球が太陽から出される強い光のエネルギーを受け取っているためです。一方で、地球からもエネルギーを出していま す。太陽から受け取ったエネルギーと同じ量のエネルギーを、赤外線として宇宙へ放出しているのです。この時、受け取った分と同じ量のエネルギーを逃が

温室効果のしくみ
大気・地表が吸収した太陽エネルギーと同じ量の赤外線エネルギーが宇宙空間に出ていく
太陽光の約7割を大気・地表で吸収
温室効果ガス
二酸化炭素
メタン
フロン類
温室効果がないと-19℃
地表から出ていく赤外線を温室効果ガスや雲が吸収して下向きに戻す：温室効果
地球の平均気温を約14℃に保ってくれる
地球

すなら地球はどんどん冷えていくはずですが、そうはなっていません。ここで登場するのが、温室効果ガスです。温室効果ガスは地球が出すエネルギーを吸収して、再び地球に向かって戻しているのです。このため地球は冷え切ってしまうことはありません。温室効果ガスの働きのお陰で地球の平均気温は約14℃に保たれています。私たち人間が地球という星で生きていられるのは温室効果ガスの存在があるためですが、問題なのは近年、温室効果ガスの量が増えすぎて、気温が急激に高くなっていることなのです。

地球温暖化が進むと大雨や台風の被害が深刻に　水没する街も⁉

温室効果ガスが増加し地球温暖化が進むと、暑さが厳しくなるだけでなく、気候が大きく変わると予想されています。文部科学省と気象庁がまとめた「日本の気候変動２０２０ ―大気と陸・海洋に関する観測・予測評価報告書―」によると、このまま十分に温暖化対策を取らなかった場合、雨の降る強さは一層強くなると予想されています。1時間に50ミリ以上の滝のように降る雨の発生する回数は、21世紀末は20世紀末に比べて、全国平均で2倍以上になるというのです。

気温が高くなると、大雨が増えるのはなぜでしょうか。それは、**雨雲のもとは水蒸気**だと考えると納得がいくと思います。空気は、気温によって抱え込める水蒸気の量が変わります。ある気温の空気が含むことのできる最大の水蒸気の量を「**飽和水蒸気量**《ほうわすいじょうきりょう》（**飽和水蒸気圧と示す場合もある**）」といい、飽和水蒸気量は気温が高くなるほど大きくなります。

（みなさんも一人一人、一度に食べられる食事の量は違いますよね。おかわりして、ごはんを一気に何杯も食べられる人もいれば、お茶碗一杯で満腹だという人もいます。飽和水蒸気量は、一度に食べられる最大のごはんの量だとイメージしてみてください）

温暖化によって気温が上昇すれば飽和水蒸気量が大きくなり、空気中にはたくさんの水蒸気が存在するようになります。その水蒸気が上昇気流に運ばれて上空で冷えると、やがて水滴に姿を変えます。小さな水滴がたくさん集まったものが雲です。雲は成長していくと雨雲になります。このため、**暖かくなればなるほど雨雲が発達しやすくなり、その雨雲がもたらす大雨も発生しやすくなるのです。**

大雨が増えると、大きな災害をもたらすことも多い台風も気になりますよね。現在のところ、温暖化によって台風の発生する数や日本への接近数、上陸数には以前と比べて大きな変化はありません。ただし、台風は発達した雲が集合し渦を巻いたものです。**温暖化によって、雲のもとになる水蒸気が増えると勢力の強い台風の割合は増加し、台風に伴う雨や風は今よりも強くなると予想されています。**

気象災害は暑い時期だけでなく寒い時期にも起きます。暖かくなるなら、冬は寒くならず雪が減って、雪国では暮らしやすくなるのではないかと思う人もいるかもしれませんね。確かに温暖化によって、ひと冬に降る雪の量

気温と飽和水蒸気圧の関係

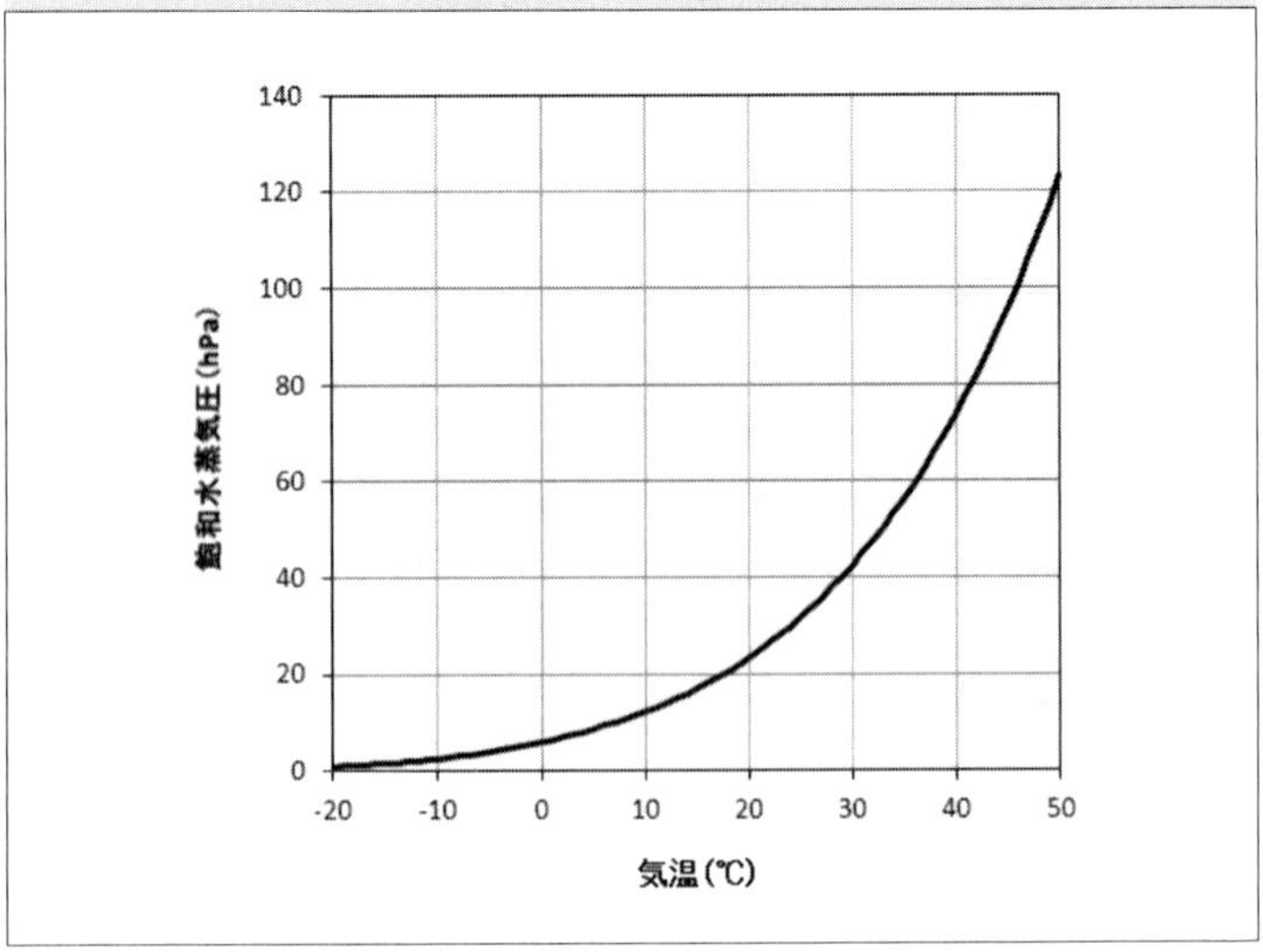

出典：気象庁

は減少すると予測されています。しかし安心はできません。なぜかというと、冬全体に降る雪の量が減っても、短い時間に一気に雪が降る、いわゆる「ドカ雪」が増加する可能性があるためです。ドカ雪が増えるのは大雨が増える理由と同じく、大気中の水蒸気の量が増えて雲が発達するためです。発達した雲から降るものは地上の気温が高いと雨になりますが、冬のように気温が低い場合は雪として落ちてきます。近年は極端な大雪によって、大規模な車の立ち往生が毎年のように発生しています。

また、**地球温暖化は海でも起きています。海の水温が上がると海水が膨張《ぼうちょう》するため、海面水位が上がる**と考えられています。海は大気に比

堤防などの対策を取らない場合
海面が1m上昇すると水没する地域

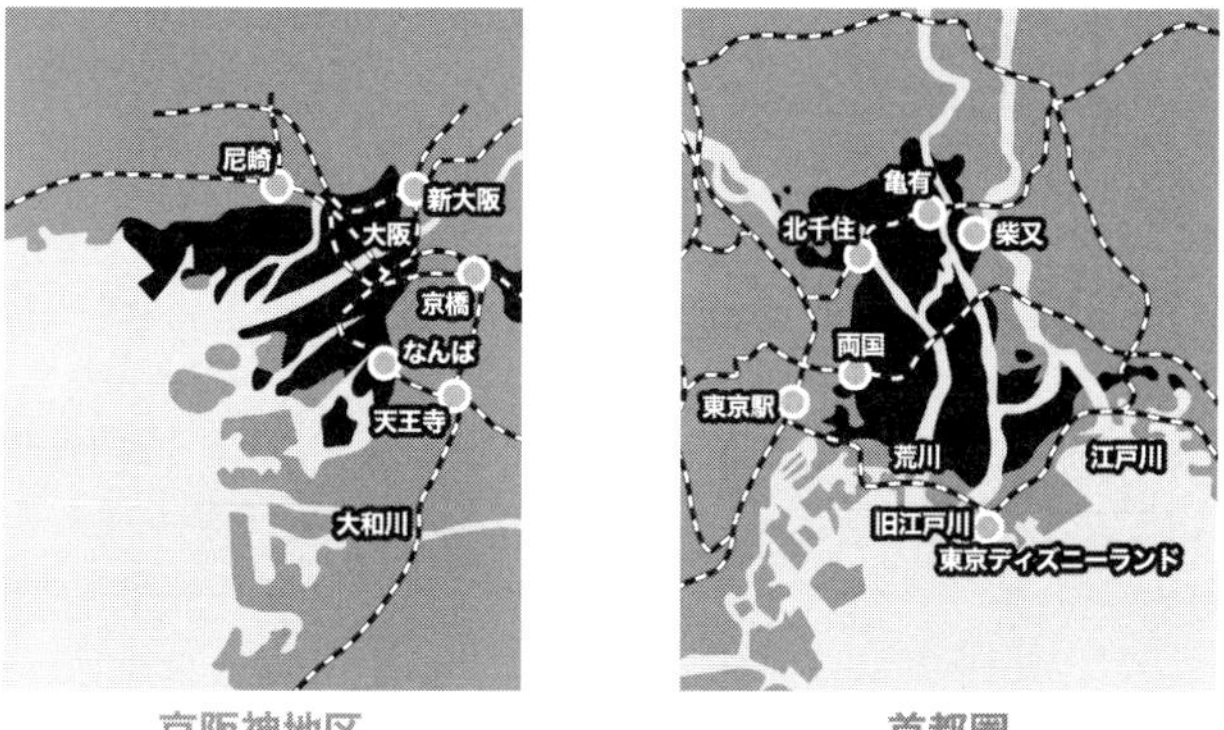

京阪神地区
海に近い大阪の中心部は大きな被害を受ける。
大阪西北部の海岸線はほぼ水没する。

首都圏
東京都東部の江東区、墨田区、江戸川区、葛飾区のほぼ全域が影響を受ける。

JCCCA（全国地球温暖化防止活動推進センター）「身近に迫る地球温暖化」をもとに作成
塗りつぶし：水没のおそれがある地域

べて変化が小さいですが、いったん変化してしまうとその状態が長く続きます。対策を行わなければ日本近海では20世紀末と比べて21世紀末には海面水温が約3・58℃上昇し、沿岸の海面水位は約0・71m上昇すると見込まれています。住む場所が水に浸かったまま生活するしかないということも現実に起きるかもしれないのです。

さらに、**海洋の酸性化**も心配です。海洋の酸性化とは、大気中の二酸化炭素が海中に溶け込んで海水が酸性に傾く現象です。まだ詳しくわかっていないこともありますが、大気中に排出される二酸化炭素が増えると進行するリスクがあります。海中で酸性化が進むとサンゴやウニなどの生き物が殻や骨を形成するために必要な炭酸カルシウムという物質が作られにくくなります。海の中で暮らす生き物が少なくなり、海の豊かさが失われてしまうかもしれません。

季節の楽しみが奪われてしまう　春のお花見は幻に

暑さや大雨のほかにも、みなさんのもっと身近なところで地球温暖化の影響が出るかもしれません。四季の変化がはっきりしていて自然が豊かな日本では、季節ごとに楽しいイベントがたくさんありますよね。私は春にはサクラ、秋には紅葉を見るためにカメラを持って出かけるのが楽しみで、ワクワクしながら見頃を予想しています。

ですが、春になってもサクラが咲かずお花見ができない、秋が深まっても葉っぱが順調に色付かず紅葉狩りを楽しめない。そんな未来が現実になるかもしれないのです。特に、サクラの開花は地球温暖化によって大きな影響を受けるといわれています。植物は暖かくなると花開くイメージがあるため、気温が高くなるほどサクラの成長は早く進むかと思いきや、そうではありません。サクラの花芽は前の年の夏に作られ、秋から冬の間は休眠に入ります。サクラの花が順調に開くためには、休眠している間に冬の厳しい寒さ

を十分に経験する必要があるのです。一定の期間、寒さにさらされると、開花のためのスイッチが入ります。これを「休眠打破《きゅうみんだは》」といいます。長い睡眠からパチッと目が覚めるようなイメージです。サクラは休眠打破を経て成長を再開し、この後は春本番に向けて気温が上昇するにつれて、開花していきます。しかし、温暖化が進んで冬でも暖かい日が多くなると、休眠打破が上手く行われず、ついにはサクラが開花しない地域が出てくることも考えられるのです。入学式や入社式の風物詩がなくなり、お花見もできなくなってしまうのはとても悲しいことです。

サクラだけでなく、秋の紅葉も打撃を受けそうです。このところ夏の暑さが秋まで長引くようになり、紅葉の見頃が遅れてきているなあと感じることはないでしょうか。紅葉は最低気温が8℃以下になると始まるといわれていますが、秋になってもなかなか冷え込まないため、1本の木全体の葉が赤や黄色に色付く頃には、もうイルミネーションが始まっているということもあります。特に東京などの都市部では12月に入ってようやく見頃を迎える地域もあり、いつかクリスマスやお正月に紅葉シーズンがずれるのではと心配になります。温暖化によって大雨や暑さといった気象災害が増えるだけでなく、四季を楽しむ文化が失われてしまうかもしれません。

世界中で異常気象が多発中　世界の食料危機は日本とも関わりが深い

地球温暖化や気候変動は、日本だけでなく世界全体で進行しています。毎年いえ毎月のように猛暑や大雨のほか山火事、干ばつ、大雪など異常気象と呼ばれる現象が発生しているとニュースで伝えられています。異常気象とは、気温や降水量などが平年の値から大きく外れた現象のことをいい、30年に一度あるかどうかといった頻度で起きます。

２０２３年は世界各地で記録的な高温となり、世界の平均気温が観測史上最も高くなりました。この年の夏、変わりゆく世界の気候を言い表す象徴的なことばが登場しました。国連のグテーレス事務総長は「地球温暖化の時代は終わり、〝地球沸騰《ちきゅうふっとう》〟の時代が到来した」と危機感を訴えたのです。「地球沸騰」という強烈なインパクトのことばは世間でも注目され、気候変動への対策を本格的に加速させないと危険だという認識が広まりました。

異常気象は私たちの生活に様々な影響を及ぼしますが、食料危機や水不足を引き起こす原因にもなります。大雨や台風、洪水が度々発生する一方で、雨の降る量が極端に減り、乾燥が進んで干ばつが問題になっている地域もあります。干ばつによって田畑がやせてしまい、長期間に渡って食べ物が育てられなくなると、食料が不足します。また、温暖化が進むにつれてヒマラヤ山脈などの氷河がとけると、雪解け水を頼りに暮らす地域では水不足になります。今も世界では十分に食べ物を作れず、水が足りずに苦しんでいる人たちがいます。こうした問題は開発途上国だけが関係しているかというとそうではありません。日本の食料自給率は、約40パーセントと世界的にかなり低い水準です。多くの食べ物を開発途上国を含む海外からの輸入に頼っていて、その食べ物を作るために大量に現地の水を使用しているのです。このため、世界のどこかで食料危機や水不足が起きると、日本の食生活にも影響が出るおそれがあり、私たちにとっても他人ごとではありません。

さらに深刻なのは気候が変わったことで、住む場所を奪われてしまった人たちがいることです。極端な豪雨や長期間に及ぶ干ばつ、海面の上昇、サイクロンの襲来などの自然災害によって、故郷を離れざるを得なくなった人たちのことを「気候難民《きこうなんみん》」といい、すでに年間平均で2000万人が気候難民になっているのです。（※「難民」とは、国際法では戦争や迫害から逃れるため、国境を越えて外国に避難した人々のことをいいますが、「気候難民」は国内、国外を問わず移動を強いられた人のことを指して使われています）このまま気候変動が進めば、２０５０年までに12億人を超える気候難民が発生するという予測もあります。途上国では災害によって一度大きな被害を受けたら、立ち直るだけの経済力がなく、先進国以上に問題は深刻です。日本でも同じ場所で大雨による被害を繰り返し受け、生活を続けることが難しくなったという声を聞きます。このまま気候変動が進み災害が増え続けると、いずれは日本でも気候難民と呼ばれる人が続出してしまうかもしれません。

温室効果ガス削減は全世界共通の目標「カーボンニュートラル」の実現へ

地球温暖化が原因で地球全体の気候システムが変わってしまっていることに気付いてから、温室効果ガスを削減しようと世界各国で対策が取られるようになりました。１９９５年以降、**「国連気候変動枠組条約締約国会議**（**通称ＣＯＰ**）」が年に1回開催されるようになり、温室効果ガスを減らすための取り組みについて議論されています。１９９７年に京都市で行われた3回目のＣＯ

Pでは「**京都議定書**」が採択され、先進国は温室効果ガス排出量の削減目標を設定しました。2015年にはフランスのパリで21回目のCOPが開かれ、ここでまとまったのが「**パリ協定**」です。パリ協定では先進国だけでなく、途上国を含めた参加するすべての国に2020年以降、温室効果ガスの排出を減らす努力を求めました。世界共通の目標として「**平均気温の上昇を産業革命前に比べて、2℃より十分低く保ち、1・5℃以下におさえること**」が掲げられました。これを達成するためには、**2050年までに温室効果ガスの排出量を実質ゼロにする**、いわゆる「**カーボンニュートラル（脱炭素）**」を実現する必要があります。カーボンニュートラルとは「温室効果ガスの排出量」から「森林や海洋などが吸収する分」を差し引きして、プラスマイナス0にすることです。日本でも様々な業界で脱炭素社会に向けた対策が進んでいて、社会全体の意識が変わりつつあります。

気候変動にストップを　私たち一人一人の取り組みが地球を変える

2018年の8月にスウェーデンの国会議事堂の前で、ある少女が座り込みを始めました。環境活動家のグレタ・トゥーンベリさんです。彼女は「気候のための学校ストライキ」と書いたプラカードを掲げて、気候変動を止めるために今すぐ積極的な対策を行うよう政府に求めました。グレタさんは幼い頃、本やドキュメンタリーなどで気候変動について学び、地球の環境が急激に悪化していることに絶望して思い悩み、ついには食事をとれなくなってしまいました。その後、まずは両親を説得して、少しでも気候変動を和らげるため、自分と同じようにヴィーガン（肉や魚のほか卵、乳製品などの動物性食品をとらない菜食主義者）になることを求め、大量の二酸化炭素を排出する飛行機を使うことをやめさせました。しかし、それだけでは地球の未来は変わらないため、政府に向かって国が今すぐに変わる必要があると立ち上がったのです。グレタさんが行動を始めたのは、15歳の時です。ひょっとしたら、今この本を読んでいるみなさんとそれほど違わないかもしれません。

「このまま放っておくと子どもたちの未来が奪われる。ほかのことなど話している余裕はない」というグレタさんの切実でまっすぐな訴えは、子どもも大人も関係なく多くの人々の心を動かしました。やがてオーストラリアやベルギー、ドイツ、アメリカ、イギリス、イタリアなどでも気候のための学校ストライキが広まりました。毎週金曜日に学校を休んで座り込みが行われたため、一連の動きは「フライデーズ・フォー・フューチャー」と呼ばれました。日本でも気候変動にストップをかけようという動きは広まり、高校生や大学生を中心とした若い世代が国会議事堂前で気候変動に対する政策の強化を求めました。そして、２０１９年9月20日に開催された第1回「グローバル気候マーチ」には子どもだけでなく、はじめて大人も参加しました。世界中で７６０万人が参加し、日本でも全国27か所、５０００人以上もの人たちが参加し、世界全体で未来の地球は今ここにいる私たちの手で守り抜こうと一つになる大きな動きとなったのです。

気候変動を食い止めることは、地球に暮らす人類共通の大きな目標です。２０１５年9月に国連で採択された「**持続可能な開発目標**（**ＳＤＧｓ**）」の17の目標の一つに「**気候変動に具体的な対策を**」というものがあります。ＳＤＧｓは、先進国から途上国まですべての国連加盟国が２０３0年までに達成することを誓った約束です。現在、世界では気候変動が急激なスピードで進み、地球の環境は人類がこれまでに経験したことのない状態に変化しつつあります。それだけでなく貧富の差はますます広がり、紛争は絶えず難民の数は第二次世界大戦以降、最高の水準になっています。人種や性別などによる差別もいまだなくなりません。このままでは未来の世代が、安心しておだやかな生活を送ることはできないと強い危機感を持ってＳＤＧｓは生まれました。

ＳＤＧｓの17の目標は、世界全体の目標であり、私たち一人一人の目標でもあります。目標を達成するためにはそれぞれの課題を一人一人が「自分ごと」として考えて行動する必要があります。自分自身のきょうの取り組み一つ一つが新たな未来を作ることにつながるのです。

第1章　自由研究をやってみよう！

【自分の住む地域は将来どんな気候になるだろう？】

参考

・本書10～11ページ、16～22ページ

・気象庁「日本の気候変動２０２０」https://www.data.jma.go.jp/cpdinfo/ccj/index.html

・環境省「COOL CHOICE」https://ondankataisaku.env.go.jp/coolchoice/

自分の住む地域は、地球温暖化によってどんな気候になるかな？
気象庁や環境省のウェブサイト、本などで調べてみよう！

気温はどうなる？

雨や雪、台風は？

海の温度はどうなる？

第2章

地球温暖化で私たちの食べ物はどう変わる?

地球が温暖化すると　おいしいお米が食べられなくなるってホント？

　地球温暖化によって激暑の未来が本当にやってくるとしたら、地球上の植物や生き物にも大変な影響が出るはずです。私たちも今と同じようには暮らせなくなりますし、毎日の食生活も大きな打撃を受けるおそれがあります。第２章では、地球温暖化によって私たちの食べ物はどのように変わるのか、お話していきます。

「はじめに」でもお伝えしたように、**このまま十分な対策を取らず、地球温暖化が今のペースで進むと、将来はおいしいお米を食べることが難しくなるかもしれません。その原因は「深刻な暑さ」です。**すでに国内で育てられている稲に異変が出ています。農林水産省が温暖化による農作物の影響を調査している「地球温暖化影響調査レポート」によると、近年は全国各地のお米に「白未熟粒《しろみじゅくりゅう》」という現象が相次いで発生しているそうです。２０１０年と２０１９年には夏の厳しい暑さが原因で、主な稲の産地で白未熟粒が増加し、全国的にお米の品質が大幅に低下しました。さらに、長引く暑さが話題となった２０２３年には、新米のうち見た目が綺麗に整った１等米比率が9月末時点で59・6パーセントと、比較できる2004年以降で最低となりました。

お店で売られている正常なお米の粒は透明な見た目をしていますよね。ですが、成長の途中で高温にさらされるとデンプンが十分に蓄積されず、お米の粒の内部が白くにごった見た目になり、お米の品質を下げてしまうのです。これが「白未熟粒」という現象です。今後も気温の上昇は続くと予測されるため、白未熟粒など稲への悪影響はさらに増えるだろうと心配されています。

一方で、気温が上昇すると「冷害」(夏に日ざしが少なく、涼しい状態が続くことで農作物が育ちにくくなること)が解消されるため、北日本や東日本の山間部ではお米が作りやすくなるのではないかという意見もあります。確かにそうした一面もありますが、東日本の平野部から西の地域では、今後さらに気温が高くなると稲への悪影響が増えて損失につながると予想されるため、残念ながら恩恵を受けられるのは一部の地域だけです。日本

白未熟粒とは?

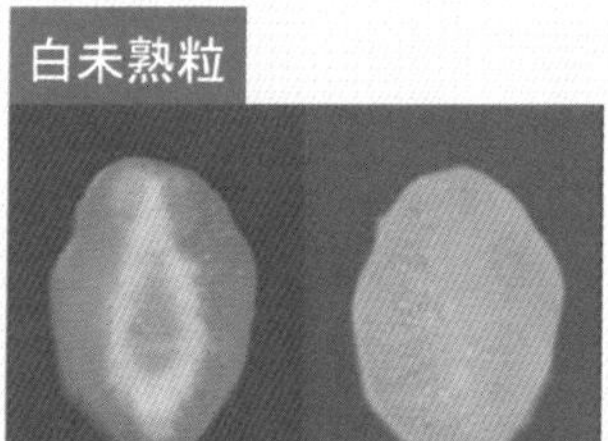

白未熟粒(左)と正常粒(右)の断面

出典:農林水産省　平成27年地球温暖化影響調査レポート

全体で見ると温暖化によるメリットよりもデメリットのほうがはるかに大きくなることがわかっています。

白未熟粒などの問題を受けて、暑さに強いお米を作ろうという取り組みが進められています。「にこまる」や「きぬむすめ」という名前のお米を食べたことはありますか？これらは国の研究機関（農業・食品産業技術総合研究機構）が、気温が高い状況でもお米のとれる量や品質が低下しにくい品種として開発したブランド米です。ほかにも、米どころの新潟県の「新之助」など暑さに強いお米がたくさん登場しています。これらの品種は白未熟粒の発生が少ないだけでなく、1等米の比率がほかの品種に比べて高く、一般財団法人日本穀物検定協会が毎年発表する「米の食味ランキング」で最も高い「特A」と評価されるものも増えています。つまり、品質が高くて暑さにたえられるだけでなく、味もおいしいお米だということです。

温暖化から私たちの食を守ろうと農家や専門家の人たちが、努力を積み重ねてくれていることが少しずつ結果につながっています。しかし、私たちが何も対策をしないでいると、温暖化は現在よりも加速して進んでしまうかもしれません。そして、地球の環境がますます変わっていくと、お米だけではなく、ほかの食べ物も食べられなくなってしまうかもしれないのです。

厳しい暑さに果物が悲鳴　りんごやぶどうも日焼けするって知ってる？

地球温暖化によって異変が現れているのはお米だけではありません。日ざしが強い時、外で長い時間いると肌が赤や茶色に焼けてしまうことがありますよね。私たちの肌と同じように果物も、厳しい暑さの中で強い直射日光を受け、表面の温度が極端に上がると部分的に茶色くなってしまいます。近年、りんごやみかん、ぶどうなど多くの果物で「日焼け」が発生しているのです。日焼けは一部分にとどまっている場合は、ジャムなどに加工して利用できることもありますが、大部分に広がってしまうと商品として扱えず廃棄せざるを得なくなります。農家の人たちが一生懸命育ててくれた果物を捨ててしまうのは本当に残念です。日焼けもまた地球温暖化による気温の上昇が原因で引き起こされているといわれています。

日焼けのほかにも、温暖化によって色付きが悪くなる「着色不良」が多くの果物で報告されています。果物は成熟する1か月程度前になると着色が始まります。実をおおう果皮の色を決める色素が作られ、りんごなら赤、ぶどうは紫、みかんなどの柑きつ類はだいだい色や黄色になりますが、着色する時期に気温が高くなりすぎると、順調に色付きが進まなくなるのです。りんごは気温が20℃より低い環境で上手く色付き、25℃以上になるとほとんど着色が進まなくなるそうです。近年はりんごが着色を始める秋のはじめも気温が高い日が多いため大きな問題になっています。

日焼けや着色不良を何とか防ごうと、農家の人たちは直射日光をさえぎる散光性の資材で果実をおおうなどの対策を取ってきました。ですが、それだけでは急激なスピードで進む温暖化から被害を完全に防ぐことは難しいため、温暖化に適応できる品種の開発も進められています。長野県では「シナノリップ」という高温下でも色付きが進むりんごが開発されました。ぶど

りんごやぶどうが受ける高温による影響

左：日焼けしたりんご　右：着色良好・不良のぶどう（ピオーネ）

出典：農林水産省　平成29年 地球温暖化影響調査レポート

うの栽培が盛んな山梨県でも「巨峰」や「ピオーネ」などの主力品種に着色不良が目立っていたため、色付きが進みやすい品種が開発され、新たに「甲斐ベリー３」というオリジナル品種が完成しました。

日焼けや着色不良以外にも温暖化による被害が出ています。全国有数の温州みかんの産地である静岡県や愛媛県では、「浮皮《うきかわ》」と呼ばれる現象に悩まされてきました。「浮皮」とは、みかんの果肉と皮の間にすき間ができ、実がぶかぶかになってしまうことです。浮皮は気温の上昇や雨の増加によって発生することがわかっています。浮皮が発生してもみかんの味が落ちるというわけではありませんが、輸送する時に皮が破れて腐りやすくなってしまうのです。

そこで、静岡県は、浮皮の発生が少ない新たな品種のみか

みかんが受ける高温による影響

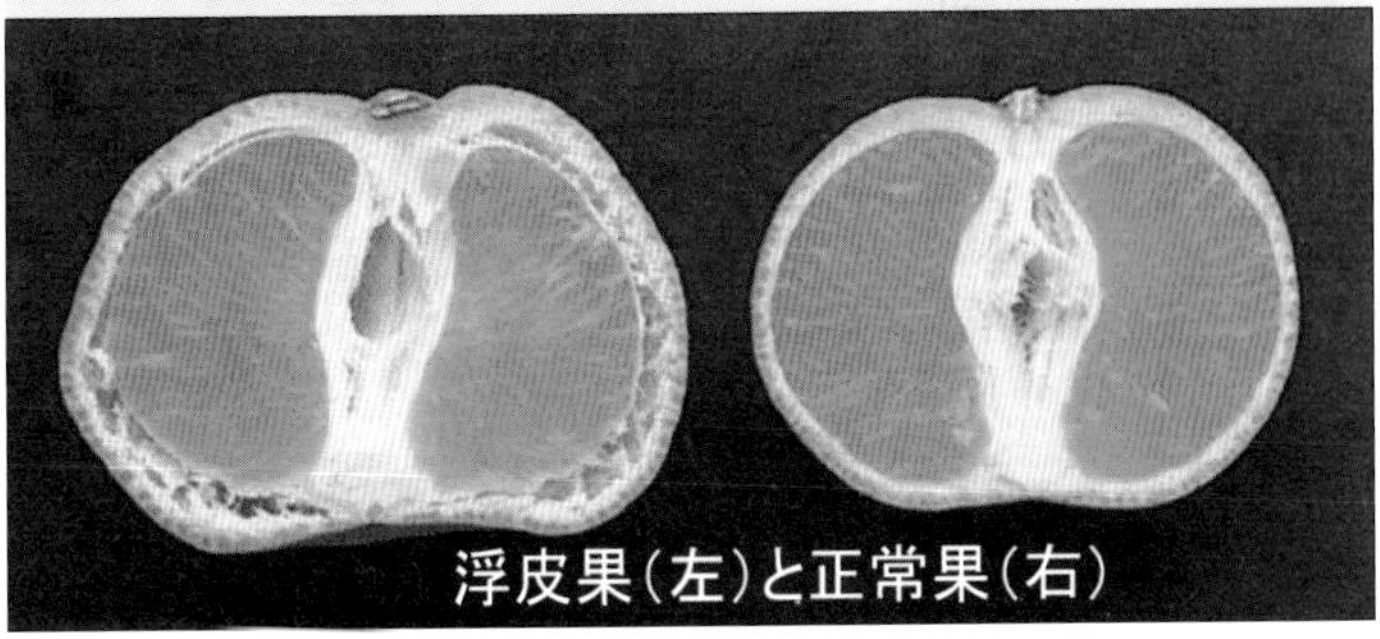

浮皮果(左)と正常果(右)

出典:農林水産省　平成29年地球温暖化影響調査レポート

んを作ろうと、約18年の歳月をかけて「S１２００」という品種を開発しました。新たに誕生したみかんの名前は「春しずか」です。静けさの中でゆっくりと熟成され、春の暖かい日ざしに包まれて目覚めるイメージをもとに命名されました。春しずかは一般的な温州みかんと１か月程度、収穫の時期をずらして長期間、貯蔵することができるため、みかんが品薄になる３月～４月の需要《じゅよう》にこたえられるというメリットもあります。

また、愛媛県は**温暖化を逆手にとって、以前より暖かくなりつつある気候を活用しよう**と動きました。日本で生産されるみかんの大半を占める温州みかんの栽培に適しているのは、年間の平均気温が15～18℃の地域です。愛媛県では現在のペースで温暖化が進むと、１９８１～２０００年に比べて、２０４６～２０５５年頃には内陸部では栽培できる地域が広がる一方で、現在の産地である沿岸部では気温が高くなりすぎて、栽培に適さなくなると予測されています。そこで県は、昔は冬は寒すぎるため育てることができなかったイタリア原産の「ブラッドオレンジ」を育て新たな地域の名産にしようとしたのです。「全国初のブラッドオレンジの産地化」を目標に、２００９年から県や市、ＪＡ、生産者、食品加工会社などが一体となって進めた結果、タロッコやモロなどのブラッドオレンジ品種の収穫量が大幅に増加し、新たなブランドを確立しました。

愛媛県以外でも、温暖化を活用して新たなブランドを作ろうという取り組みは盛んです。気温の上昇が目立つ北海道では、これまでは気温が低いため栽培に適さないといわれていた醸造《じょうぞう》用（お酒を作ること）のぶどう品種「ピノ・ノワール」の栽培が積極的に進められています。最近は「日本ワイン」の需要も高まって、北海道内のワイナリーも増えつつあるため注目されています。

このほか国産のアボカドを作ろうという動きもあります。アボカドは乳製品のようにクリーミーで濃厚な味わいから「森のバター」とも呼ばれ、ビタミンやミネラルが豊富で人気の高い果物ですが、大半を海外からの輸入に頼っています。もともとは中南米原産の果物ですが、温暖化しているる気候を活かして高い需要にこたえられないかと九州や四国の一部の地域で栽培し、産地化しようという取り組みが進んでいます。温暖化をただ悲観するのではなく、新たな道を切り開こうと動く地域の人たちには頭が上がりません。今後も温暖化による果物への影響はさらに広がることが予想されます。私たち一人一人ができることは、温暖化対策として作られた果物を買って農家の人たちを応援することではないでしょうか。

台風や大雨で野菜に深刻な被害　北海道を襲ったポテチショック

私たちの健康を維持するために欠かせない野菜。野菜の価格を毎日チェックしていると、世の中の動きがわかります。ニュースなどで野菜の値上げが話題になることがよくあるように、野菜は天候の変化に大きな影響を受けます。野菜の成長には適度な日ざしと雨が必要ですが、雨がまったく降らず晴れてばかりいると、野菜が腐ったり成長が遅れたりしてしまうことがあります。逆に長雨や大雨になっても順調に育ちません。私たちが安心して野菜を食べ続けられるように、天候の変化に負けない新たな品種を育成したり、効果的に野菜を育てる施設を開発したりするなどの対策が進められていますが、相次ぐ異常気象により野菜への被害は後を絶ちません。中でも忘れられないのは、２０１６年に北海道を襲ったジャガイモ畑の被害です。

みなさんは、ポテトチップスは好きですか？私はコンビニやスーパーでめずらしい味のポテトチップスを見かけると、どんな味だろうと食べてみたくなります。普段はどこのお店にもたくさんの種類のポテトチップスが並んでいますが、お店から一斉に姿を消したことがありました。ポテトチップスの原料であるジャガイモが、台風に伴う大雨によって大きな被害を受けたのです。地球温暖化の影響といえば、気温の上昇が最もわかりやすいですが、それだけでなく、温暖化は大雨や台風などの水害も悪化させます。気温が上がると、雨雲のもとになる水蒸気の量が増えるため、雨雲が発達しやすくなるためです。（詳しくは17〜18ページ参照）

2016年は台風が北海道に相次いで上陸した異例の年でした。この年の8月17日に台風7号が襟裳岬付近に上陸したのをはじめ、21日には台風11号が釧路市付近に、23日には台風9号が千葉県に上陸し本州を縦断した後、新ひだか町付近に再上陸しました。わずか1週間のうちに北海道に3個の台風が上陸したのです。同じ年に3個の台風が北海道に上陸するのは、1951年の統計開始以来はじめてのことでした。台風は海水温の高い温かい海の上で、水蒸気をエネルギー源として発達します。

大雨の影響で冠水したジャガイモ畑の様子

提供：カルビーポテト株式会社

このため、海水温の低下する北海道の近くまで北上する頃には温帯低気圧に変わることが多かったため、私たち気象関係者にとっても大変な驚きでした。相次ぐ台風の上陸に追い打ちをかけるように、30日には台風10号が東北地方太平洋側に観測史上はじめて上陸し、この時も北海道に大雨や暴風をもたらしました。北海道は本州などに比べてもともと雨の降る量が少ないですが、一連の台風によって、８００ミリを超える記録的な雨量を観測した地点もありました。

異例の大雨によって農業への被害が相次ぎ、北海道のジャガイモは深刻な打撃を受けました。広大なジャガイモ畑は水浸しになり、北海道全体の農業被害額は５００億円にも及びました。北海道ではジャガイモの収穫が8月下旬頃から始まりますが、全国的に大きな影響を受けたのがポテトチップスの生産です。ポテトチップスを製造する会社では、原料の多くを北海道産のジャガイモに頼っていたためです。翌年の春は各社が販売休止を決め、店頭から多くのポテトチップスが消えました。この現象は「ポテチショック」と呼ばれ、ネットオークションでは人気のある種類のポテトチップスが高額で取引されるなど社会に大きな衝撃を与えました。

地球温暖化によって、大雨や勢力の強い台風の発生は増えるおそれがあると予測されています。

そうなると、今後も野菜をはじめとした農作物への被害は避けられず、事前にできる限りの対策を取らなければなりません。気象予報士の私も適切な情報を発信し、農家や企業の人たちの役に立ててもらえるように努めたいと思っています。

温暖化は海でも　庶民の魚・サンマがピンチ！

日本の食文化として外せないものといえば、種類豊富なお魚や貝類などの海鮮です。周りが海に囲まれた島国・日本では、地域によってとれる魚の種類が変わり、その土地ならではの海の幸を味わえます。私が以前住んでいた日本海側の富山県では、白エビやノドグロなどを使ったためずらしい海鮮料理を楽しめました。

一方、太平洋側の代表的な海の幸といえばサンマです。塩焼きにして、ごはんと一緒に味わうひと時はたまりません。サンマは古くから庶民の魚として親しまれてきましたが、最近は不漁が続いているため価格の高騰《こうとう》が話題になります。これもまた地球温暖化が一つの原因だといわれているのです。

サンマの漁獲量は今、急激に減っています。2008年には約35万トンありましたが、2019年には10万トンを切り、2020年には約3万トンまで落ち込みました。漁獲量が激減しているのは、日本近海に近付くサンマが減っているためです。サンマは水温が15～20℃の海域を好み、北太平洋に広く生息しています。以前は秋になると、南下して千島列島から北・東日本の太平洋沿岸を移動してきました。ですが、２０１０年以降、サンマの来遊ルートが大きく変わりました。常磐沖で発生した暖水塊（黒潮由来の温かい海水）が釧路沖で停滞し、さらに、黒潮の流れが変化したことで日本列島近海の水温が上昇しました。このため、サンマにとって以前のルートは暖かすぎるため、より沖合を移動するようになったのです。２０１９年に暖水塊はなくなりましたが、日本沿岸に近付くサンマは少ないままで元には戻りませんでした。それはサンマにとって「ライバル」が現れたためです。高い水温を好むマイワシやマサバが増えてそのまま居座ったため、サンマとエサをうばい合うことになったのです。こうして漁獲量が

近年のサンマの来遊ルートの変化

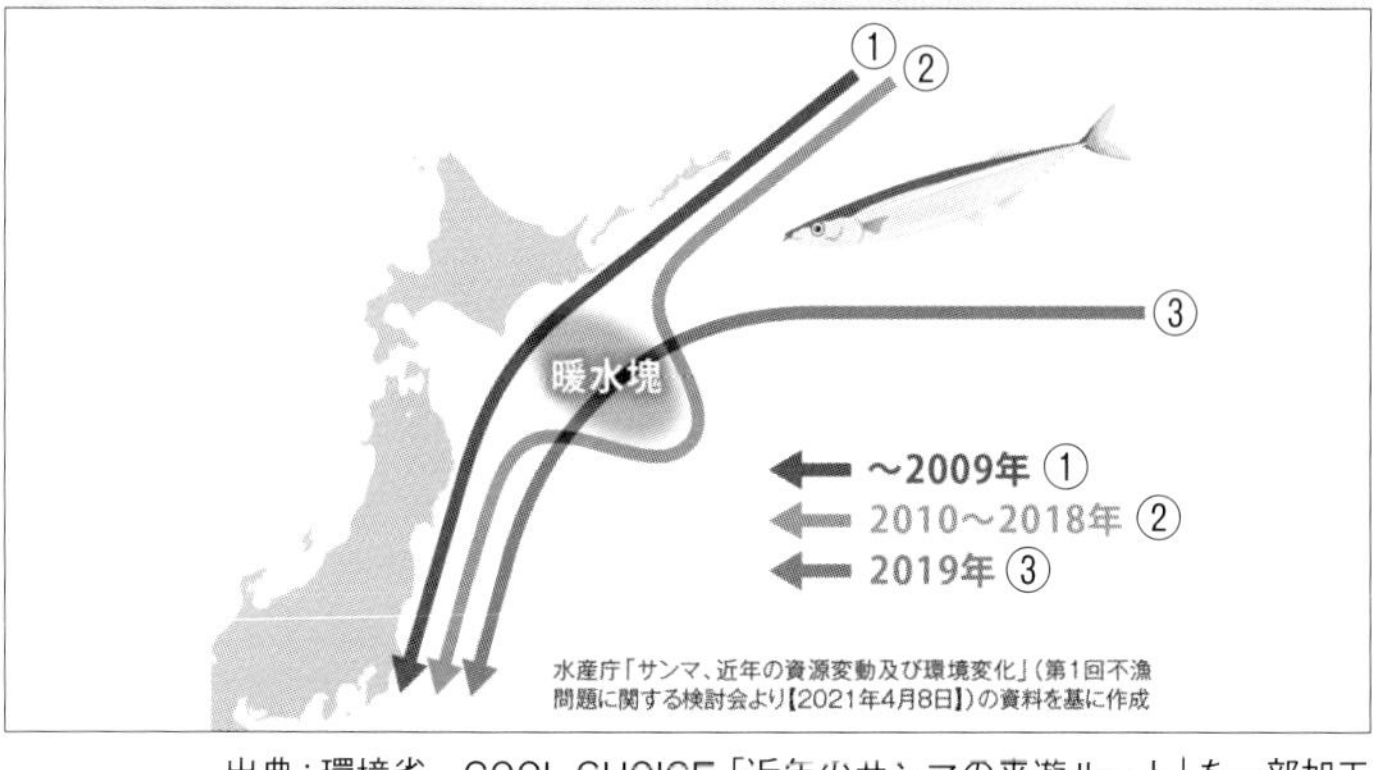

出典：環境省　COOL CHOICE「近年のサンマの来遊ルート」を一部加工

減少したため、サンマの平均価格は２００６年から２０１０年の5年間は1kgあたり81・6円だったものの、２０１６年から２０２０年の5年間で２９５円まではね上がりました。水産庁は２０２１年６月の検討会で、サンマのほかサケやスルメイカの漁獲量が２０１４年から２０１９年の5年間で74パーセント減少したと発表し、不漁の原因を「地球温暖化や海洋環境変化などに起因する資源変動」によるとはじめて言及したのです。

地球温暖化が及ぼす海への影響は水温の上昇だけではありません。海の酸性化もまた大きな問題です。海の酸性化とは、大気中の二酸化炭素が海中に溶け込む現象です。海水はアルカリ性で、酸性になるわけではありませんが酸性側に傾くため、このように呼ばれています。

海水温の上昇と海の酸性化。これらのダブルパンチを受ける危機にあるのが、ホタテです。肉厚で食べごたえのあるホタテは生で食べても、バターとしょう油であぶって食べてもおいしいですが、日本から消えてしまうのではないかと心配されています。ホタテといえば北海道が主な産地ですが、このまま温暖化が進むと、21世紀末には沿岸の海はホタテにとって危険とされる水温の23℃を超える可能性があり、ホタテは死んでしまうかもしれないのです。また酸性化が進むと、ホタテは炭酸カルシウムで構成される貝殻を十分に形成できなくなってしまうといわれています。海の酸性化についてはまだ実態がわかっていないこともありますが、将来、大気中に排出される二酸化炭素の量が増えると、酸性化はさらに進行するという指摘もあります。

温暖化によって私たちの身近な魚がいなくなるかもしれない一方で、これまでと違った種類の魚がとれるようになる可能性もあります。実際に、静岡県の伊豆半島周辺の海では異変が起きています。黒潮に乗って南の海からやってくるクマドリカエルアンコウなどは、通常は海水温が下がる冬になると死んでしまいますが、２０１９年は冬も海水温が下がらずに春になっても生き残っていたと報告されました。将来売り場に並ぶ魚は今とはまったく違ったものになっているかもしれません。お寿司屋さんでは新しいネタもたくさん登場している可能性もあります。はじめは慣れないと思いますが、私たち自身も新たな食文化を作っていく心構えが求められそうです。

2050年　チョコレートが食べられない甘〜くない未来がやってくる⁉

口の中でとろける甘いチョコレート。一口ほおばれば幸せな気分になれますよね。おしゃれなお店にはアーモンドやナッツの入ったたくさんの種類のチョコレートが並び、見ているだけでワクワクします。特にバレンタインデーが近付くと、ことしはどんなチョコレートを選ぼうかと胸が高鳴ります。さて、そろそろ想像が付くかもしれませんが、チョコレートにも地球温暖化の影響が及ぶかもしれないのです。

そもそもチョコレートはどのように作られているのかというと、カカオと呼ばれる植物の実の中にあるカカオ豆を原料としています。生産国でカカオ豆を発酵・乾燥させた後、チョコレート工場で熱を加えてローストし豆の香りや風味を引き出します。豆をすりつぶして、カカオマスというペースト状にし、砂糖やミルクなどを混ぜ合わせながら練り上げると、おいしいチョコレートができあがります。

チョコレートは世界中の人たちから愛されていますが、カカオはどんな地域でも育てられるわけではありません。カカオは高温多湿な気候の場所でしか育たず、日本は栽培に適していません。カカオが育つための条件は平均気温が27℃以上で気温の変動が小さく、年間降水量が最低１０００ミリ以上あり、高度30～３００メートルの地域であることです。一年を通して暖かく雨の多い土地でしかカカオの栽培はできないということです。日本は雨の降る量は多いですが季節ごとに気温の変動が大きいため、カカオ栽培に向いていません。カカオを栽培できる条件を満たしているのは、赤道を挟んで南北20度以内の熱帯地域にある「カカオベルト」と呼ばれる地域です。現在、全世界でチョコレートの生産に使用されるカカオの約70パーセントが、カカオベルトに含まれるアフリカで栽培されています。

チョコレートの原料カカオ豆の栽培に適した「カカオベルト」

しかし、世界中のチョコレートの生産を支えるアフリカで地球温暖化による気温の上昇や大規模な干ばつが深刻になっているのです。

米国海洋大気庁（ＮＯＡＡ）は「チョコレートは気候変動によって、深刻な危機に立たされている」と報じて注目を集めました。その内容は、将来、地球温暖化によって気温が上昇し続けると、２０５０年までにカカオの栽培に適した土地が激減するため、チョコレートを食べられなくなるかもしれないというショッキングなものでした。今以上に気温が高くなると、土地が乾燥してますます干ばつが進みます。カカオは高温多湿な土地でしか育たないため、干ばつした土地では栽培が難しく、チョコレートを作ることができなくなります。そうなると、カカオの生産が盛んなガーナやコートジボワールでは、カカオ栽培に適した土地を探すために、数百メートル標高の高い山間部

ガーナでの営農指導・苗木の配布

提供：株式会社　明治

へ移動しないといけなくなります。しかし、標高の高い土地は野生動物などの保護が指定されている自然が豊かな土地です。チョコレートを食べ続けるためには、自然環境を犠牲にすることになってしまうのです。

また、カカオの栽培には気候変動だけでなく、生産者の高齢化や後継者不足、児童労働など別の問題も多くはらんでいます。このため、日本の大手チョコレートメーカーはカカオ農家で働く人たちの生活を支援するほか、気候変動に適応した栽培法を指導したり、生産性の高い品種のカカオの苗木を無償で配布したりするなどの取り組みを進めています。こうした援助によって作られたチョコレートを購入することは、取り組みの後押しにもなります。将来もおいしいチョコレートが食べられるように、私たちにもできることはきっとあるはずです。

ジューシーなお肉が地球温暖化を加速させる一面も

焼肉にステーキ、ハンバーグ…ジューシーでうまみのあるお肉は子どもも大人も大好きですよね。お肉だけでなく、ミルクやチーズ、ヨーグルトなどの乳製品も毎日欠かせないという人は多いでしょう。ここまで、お米に果物、野菜、魚、チョコレートとあらゆる食べ物が地球温暖化の影響を受けるリスクがあるとお話しましたが、牛や豚などのお肉や乳製品もまた温暖化と関わりの深い食べ物なのです。

厳しい暑さによって、私たちが食べるお肉となる牛や豚、鶏といった家畜も大きなストレスを受けています。家畜たちも夏バテのような症状を起こすことがあり、エサを食べる量が減ると、体重が増えなくなります。元気のない家畜からは良質なお肉やミルクは作れず、その量も減ってしまうのではないかと心配されています。農林水産省が発表している「地球温暖化影響調査レポート」によると、気温の上昇によって、牛からとれるミルクの量が減り、死んでしまう牛もいるとすでに報告されています。地球温暖化が進むと、ほかの食べ物と同様においしいお肉まで食べることが難しくなってしまうかもしれません。

また、お肉に関しては、地球温暖化を加速させる原因になる一面もあるのです。中でも牛肉は大きな原因として注目されています。なぜなら、牛肉を作るために大量の温室効果ガスが排出されるからです。牛は胃袋を４つ持つ反芻《はんすう》動物ですが、１番目の胃の中の微生物の働きによってメタンと呼ばれるガスが発生し、げっぷとして大気中に大量に出されます。メタンは温室効果ガスの一種で、二酸化炭素に比べて25倍もの温室効果があるといわれているのです。１頭の牛（体重約６００kgの牛の場合）が１日に出すげっぷ（メタン）の量はなんと３００リットルです。世界中の牛や羊などの反芻動物から出されるメタンの総量は、世界全体の温室効果ガスの排出量の約４パーセントに達する（二酸化炭素換算）ともいわれています。少しでも温室効果ガスを減らすためには、牛から出されるメタンの量を無視することはできず、世界では「地球温暖化を防止するために、牛肉や乳製品を食べることをひかえよう」という運動が広がっています。

ただ、牛肉を食べることが絶対的に悪いのかというと決してそうではありません。私たちがおいしいお肉を食べられるように牛を育ててくれている人たちの間で温暖化をゆるやかにするための対策が進んでいます。国の研究機関では、「メタンの排出量の少ない牛」を育てるための研究が行われています。牛が出すメタンの量はげっぷの発生する胃の中の細菌の種類によって変わります。研究を重ねた結果、メタンの発生をおさえる細菌が特定されました。また、メタンを減らす成分が入ったエサを食べている牛のげっぷは、メタンの量が少ないことがわかっています。今後さらに詳しく解明することでメタンの排出量が少なく、地球環境にやさしい牛を増やすことを目指しています。

お肉を完全に絶つ食生活はかなり難しいですが、「週に1度」だけお肉を食べない生活をしようという運動があります。世界的に有名なイギリスの歌手、ポール・マッカートニー氏が始めた「ミートフリーマンデー（MeatFreeMonday）」は、毎週月曜日に週に1回だけお肉を食べないようにして地球温暖化について考えようという取り組みです。これなら慣れ親しんだ食生活を手放す必要はなく、自分にもできそうだと思いませんか？このほか、温暖化防止に配慮した牛肉がスーパーなどに出回った時は、「買い物」という形で応援できます。積極的に購入することが研究の後押しになり、結果として温暖化を抑制することにつながります。一人一人の行動は小さなことのように思われるかもしれませんが、大勢でやればとても大きな力になります。まずはできることから一歩ずつ始めてみましょう。

第2章　自由研究をやってみよう！

【地球温暖化についてニュースを調べてみよう】

参考
・本書34〜57ページ
・気象庁「日本の気候変動２０２０」https://www.data.jma.go.jp/cpdinfo/ccj/index.html
・環境省「COOL CHOICE」https://ondankataisaku.env.go.jp/coolchoice/

地球温暖化が進むと、身の回りではどんな影響があるかな？
気象庁や環境省のウェブサイト、本などで調べてみよう！

- 地球温暖化によって、どんな食べ物が影響を受けている（またはこれから受ける）かな?

- 地球温暖化から食べ物を守るために、私たちにできることはあるかな?

第３章

地球環境を守るためのレシピ

毎日の食事から気候変動へのアクションを

第2章では私たちにとって身近な食べ物が地球温暖化の影響を受け、未来の食生活が大きく変わるかもしれないとお伝えしてきました。第3章ではこの先も豊かな食文化を守り、おいしい食事を楽しむために、地球温暖化を食い止めるためのレシピ（解決策）を一緒に考えていきます。

地球の環境を守るために、私たちにできることとは一体何でしょうか？温暖化の原因とされる二酸化炭素を減らすことが有効だと考えられますが、まずは私たちがどのくらいの二酸化炭素を出しているのか知っておきましょう。

２０２１年度の日本国内全体の二酸化炭素排出量は10億６４００万トンで、近年少しずつ減ってきていますが、「カーボンニュートラル」の実現（詳しくは26ページ参照）に向けてはまだまだ努力が必要です。このうち家庭から排出される割合は14・７パーセントです。二酸化炭素の大半は企業などから出ていることがわかりますね。そうなると、いくら個人で頑張って対策をしても意味がないのではないか。そう思われるでしょうか？確かにその通りです。私たち一人一人の行動を積み重ねても、急激に進む温暖化はびくともしないかもしれません。

しかし、だからといって個人の対策はまったく意味がないのかというと、決してそんなことはありません。地球温暖化を真剣に食い止めるためには、地球にやさしい発電方法を整えたり、環境を保護するための新たな制度を作ったりするなど、国や企業が動き社会全体で二酸化炭素を出さないシステムに変えていくべきですが、この国や企業、社会を動かすものこそが私たち一人一人なのです。国民の意見を反映し、より暮らしやすい世の中にするた

日本の部門別二酸化炭素排出量の割合【電気・熱配分後】（2021年度）

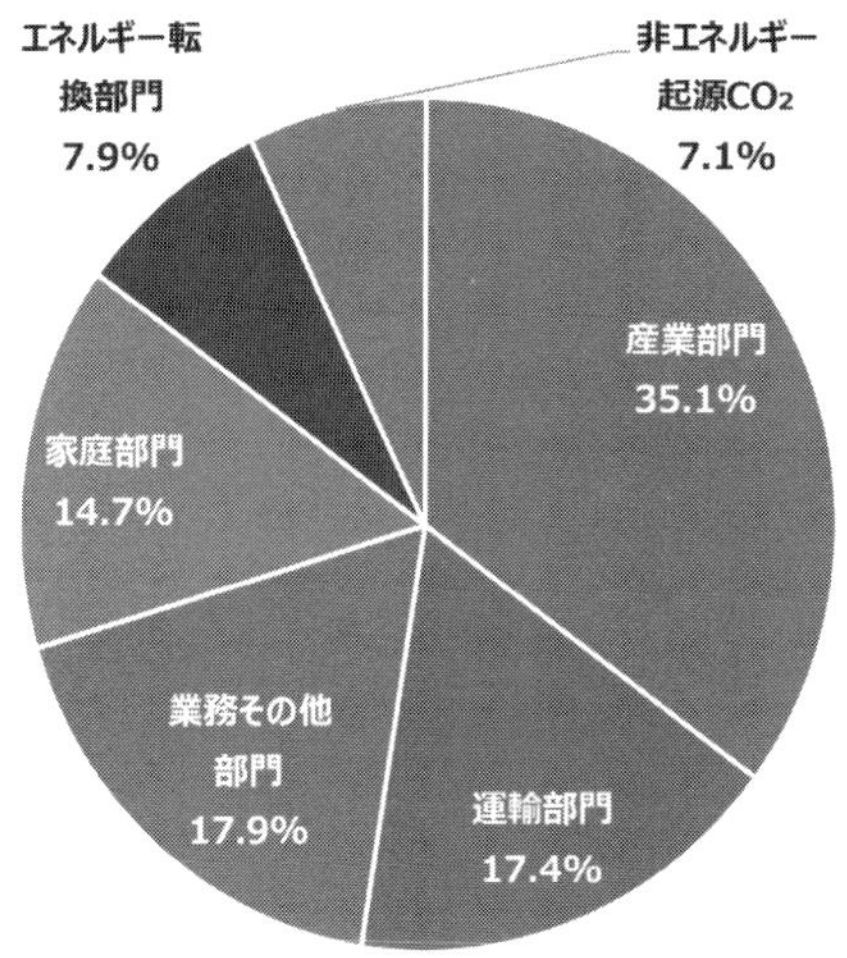

「二酸化炭素排出量：10億6400万トン」

出典：環境省「2021年度温室効果ガス排出・吸収量（確報値）概要」を一部加工

めにあるのが選挙制度です。地球温暖化や気候変動への対策についてどのように考えているか、あなたの意見と近い政治家に投票をすることも大きな一歩だと思います。環境に配慮した商品を選び、商品を作った企業を買い物で支援するのも有効です。

ほかにも、私たち自身ができる行動はたくさんあります。自宅の電気を再生可能エネルギーに変える、移動する時は電車やバスなどの公共交通機関を利用するなど様々な手段があります。こうしたアクションを広げていくことは「地球にやさしい活動が必要だ！温暖化や気候変動をストップさせよう！」という意見を世間へ向かって表明していることになります。私たちの声を届けていくこ

私たちにできる様々な地球温暖化対策

移動には
徒歩や公共交通機関の利用を
使い捨てのモノはなるべく買わず
マイボトルやマイバッグを使う
NEWS
地球温暖化や気候変動について
最新のニュースをチェックする
OFF
使ってない部屋の電気や
エアコンなどは消す
もえるゴミ
もえないゴミ
しげんゴミ
ゴミを分別して捨てる
(生ごみを捨てる時はできる
だけ水分をしぼって捨てる)
テレワークを活用する
電気を再生可能エネルギー
に変える
ほかにも…モノを長く大切に使えるように、「本当に欲しいモノ」を慎重に選んで買う、
「見切り品」を活用する、地元産の野菜を食べる、宅急便は一度で確実に受け取れるようにする　など

とで社会は変わっていきます。それに、ＳＮＳの利用が盛んな今ほど私たちの意見が国や社会に届きやすい時代は過去にないのではないでしょうか。

ここで紹介している温暖化対策を全部やろうと頑張る必要はありません。温暖化対策のために無理して自分の生活を犠牲にすることもないです。私自身も24時間３６５日、地球環境を守るための暮らしを送ることは絶対にできません。みなさん自身が興味を持ったこと、やれることから始めてもらいたいですし、まずはどんなことができそうか考えてみるだけでもいいと思います。

温暖化対策を考えるきっかけとして私が提案したいのは、第2章に続いて「食」という視点からのアクションです。私たちは誰もが日々、食事をとらなければ生きていけず、食べることは生きることと切り離せません。私たちの食生活を地球温暖化や気候変動から守るために、農家や研究者などの専門家たちが対策に取り組んでくれていますが、**私たち自身も普段の食事から問題の解決につながる一歩を踏み出すことができるのです。**温暖化なんてどうせ止められない、何か行動を起こすにはハードルが高そうだと思う人も、毎日食べる食事の1回からでも気候変動について考えるきっかけを持ってもらえると地球の未来はきっと変わります。

「食品ロス」がどうして地球温暖化の原因に？

毎日の食事から気候変動をストップさせる対策として、まず私がお願いしたいのは「食品ロス」をなくすことです。**「食品ロス」とは、まだ食べられるにも関わらず、捨てられてしまう食べ物のこと**です。みなさんも買いすぎて腐らせてしまった食べ物を捨てた経験はないでしょうか。あれば便利だからと買った野菜が冷蔵庫の中で傷んでしまった…。そのうち食べようとしまっておいたお菓子の賞味期限がずいぶん前に切れていた…。そんな経験はないでしょうか？（恥ずかしながら、私は何度もあります）レストランやお店でも一定の期間を過ぎた食品は廃棄されることがあり、とてももったいないです。今、家庭でも社会でも食品ロスが大きな問題になっています。

食品ロスとは？
まだ食べられるのに
捨てられてしまう食べ物のこと

「食品ロス」は地球温暖化の原因にも　世界全体で大きな問題に

実は、**食品ロスは地球温暖化をはじめとした気候変動を引き起こしているといわれているのです。**食品ロスと地球温暖化。一見、直接関係がなさそうですが、どのようにつながっているのでしょうか？

食品ロスが温暖化の原因の一つとされる理由とは、**捨てられた食べ物をごみとして焼却する時に、二酸化炭素などの温室効果ガスが大量に排出されるため**です。廃棄される食品の数が多ければ多いほど、当然のことながら排出される温室効果ガスも莫大《ばくだい》な量になります。自動車や飛行機などの乗り物がたくさんの温室効果ガスを排出することは、すでにみなさんもご存知だと思います。ですが、食品ロスが温暖化の原因になっていることはあまり知られていません。世界資源研究所（ＷＲＩ）の報告によると、２０１１年～２０１２年のデータでは、食品ロスが原因で排出される温室効果ガスの量は、世界全体の排出量のうち８・２パーセントを占めていて、飛行機から排出される１・４パーセントに比べてずっと大きな数値にな

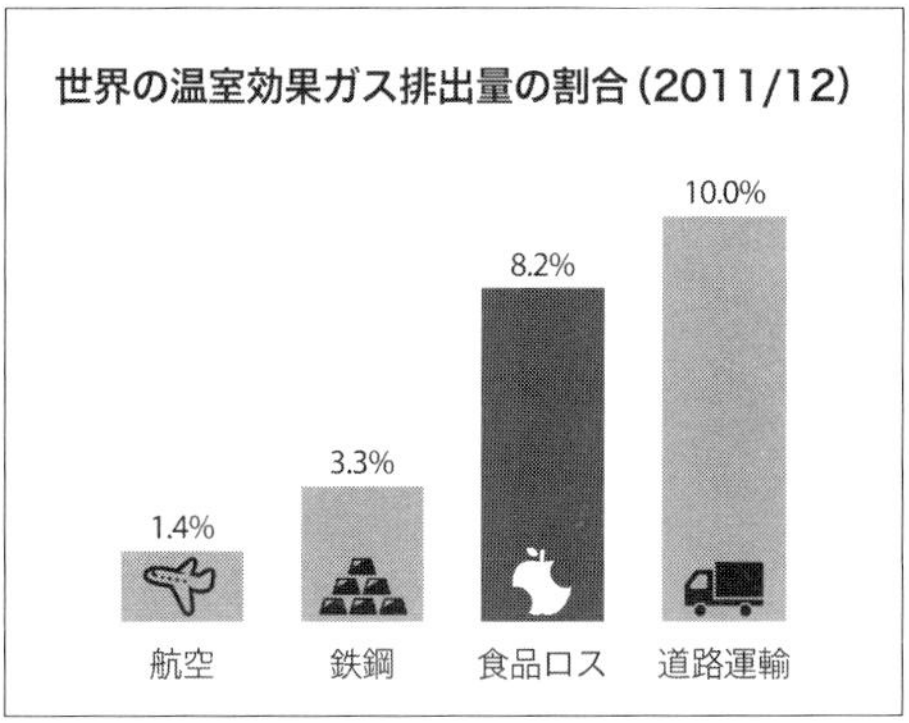

「食品ロス」は飛行機よりも多くの温室効果ガスを排出している 世界資源研究所（WRI）のグラフをもとに作成

っています。

また、食品ロスが原因の温室効果ガス排出量は、世界全体で年間約４・４ギガトンになりますが、これを世界各国の排出量と比較すると、中国、アメリカに次いで世界第３位の量に相当します。

食べ物を捨てるということは、生き物や植物の命を粗末にしてしまうだけでなく、野菜やお米などを育ててくれた人の労力や食べ物を育てるために必要だった水やエネルギーのすべてを無駄にするということです。一つの食べ物を作るためには膨大なエネルギーが使われます。そして、水や電気をはじめ、食べ物を遠く離れた場所へ輸送するためには燃料も必要になり、この時に自動車や飛行機などの乗り物からも大量の二酸化炭素が排出されます。こうしてたくさんのエネルギーを使って作られた食べ物を食べずに捨てるということは、地球の資源を無駄にしていて非常にもったいないです。捨てて燃やす時にはまたエネルギーが使われ、二酸化炭素も排出されるという負のループです。

日本では今、年間で５２３万トン（令和３年度）もの食べ物が食べられることなく捨てられています。このうち家庭から捨てられる食べ物の割合は全体の47パーセントで、２４４万トンにものぼります。（62～63ページの二酸化炭素の排出量と違って、今度は半数近くが家庭から出ています）５２３万トンなんて、あまりにも膨大な数字でイメージがわきにくいかもしれませんが、日本人の１人当たりの食品ロス量にすると、１年で約42kgです。私たち一人一人が毎日お茶わん１杯分に近いご飯（約１１４ｇ）を捨てている計算になります。こう考えると、とんでもなくもったいないことをしていると実感しませんか？

気候変動への関心が高まり、持続可能な地球環境を守ろうという声が世の中全体で高まっていることを受けて、２０１９年に食品ロスを減らすための法律「食品ロスの削減の推進に関する法律」が施行されました。この法律は、食品ロスを減らすためには国民一人一人が食品ロスを「自分ごと」としてとらえ、具体的な行動に移して対策を取らなければならないという方針のもと定められました。食品ロスの問題について、まずは知ることも大切ですが、そこにとどまらず、実際に食べ物を減らすための行動を取ってはじめて効果が出ます。地球にやさしい食生活を送るために、どんなことを意識すればいいのか一緒に考えていきましょう。

家庭での食品ロスを減らすためのコツは、買い物にあります。次のポイントを意識した買い物を心がけてみてください。

★食品ロスを減らすための買い物のポイント★

●買い物へ行く前に、何が必要か冷蔵庫などの中身をチェックする

↓冷蔵庫の中をスマホで写真に撮るとラク！

↓余っている食材を優先して使うレシピを考える

●家庭で使い切れる分量だけを買う

↓「いつか使うかも？」と思ったら、「本当に使う？」と問いかけて！

↓「まとめ買い」は習慣にならないように注意！

日本で発生している年間の食品ロス量（令和３年度推計値）

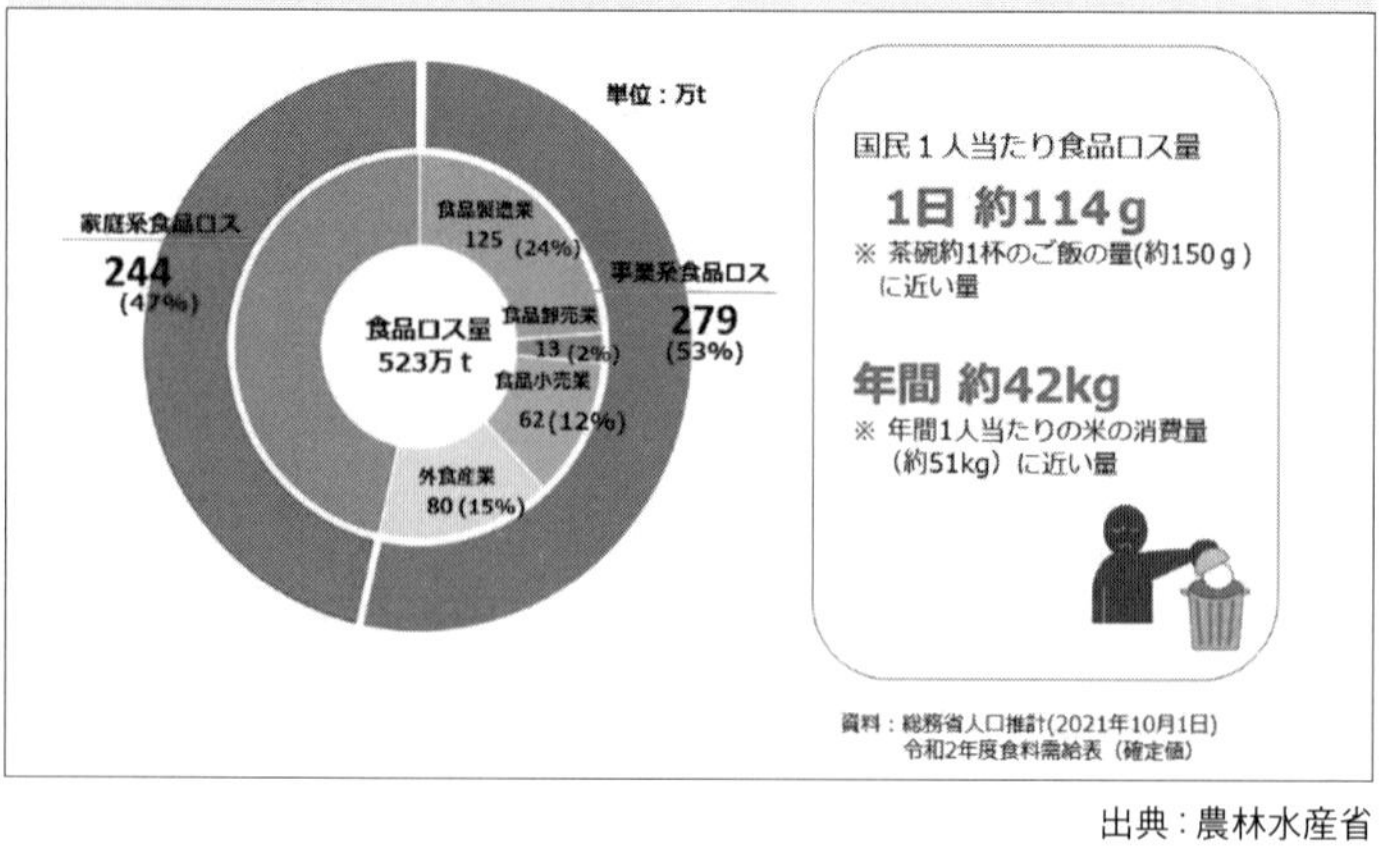

出典：農林水産省

●消費・賞味期限の近い商品から購入する
↓「見切り品」などのお買い得商品で家計も助かる！

●フードバンクを活用する
↓どうしても家庭で食べ切れないものは、賞味期限などを確認してフードバンク（まだ食べられるのに捨てられる食べ物を引き取り、必要な人の元へ届ける仕組み）へ

また、レストランなどで外食する時も注文しすぎず、きちんと食べ切れる分だけを頼むことが大事です。食べ放題やビュッフェ形式の食事は、あらゆるメニューをたくさん食べたいなと意気込んでしまいますが、自分のお腹と相談しながら食べられる量だけを盛り付けるようにしましょう。

２０２２年には、年末に発表される「ユーキャン新語・流行語大賞」のトップテンに「てまえどり」が選ばれ、食品ロス問題にこれまで以上に注目が集まりました。「てまえどり」とは、スーパーやコンビニエンスストアの食品棚で賞費期限や消味期限の近い手前に並べられた商品を優先

して買うことです。食べ物を買う時、なるべく新鮮なものを選ぼうと、つい棚の奥の商品に手をのばしてしまうことがありますが、お店で期限が切れて捨てられてしまう食品を減らせば食品ロス削減につながります。

「賞味期限」の意味 正しく理解できていますか？

ほかにも、買い物をする時に覚えておいてほしいことをお話しします。みなさんがスーパーやコンビニなどで買った商品に記載されている「賞味期限」。目にする機会は多いと思いますが、正しい意味は、次の選択肢のうちどれでしょうか？

①その日までに食べ切らないと品質が落ちる期限
②健康を維持するため安全に食べられる期限
③おいしく食べることができる期限

正解は③です。賞味期限とは、品質が落ちる日付ではなく、食べ物をおいしく食べるための目安です。もともと品質の劣化が比較的遅く日持ちするものに付けられています。食品を製造するメーカーは、微生物検査や理化学検査、官能検査など詳細な検査を行い科学的な根拠に基づいて、おいしく食べられる期間を設定します。その数字に1未満の「安全係数（国は0・8以上を推奨）」をかけたものが賞味期限とされます。このため、賞味期限を少し過ぎたとしても、きちんと保管していれば、必ずしもすぐに食べられなくなってしまうというわけではありません。自分で少し味見をしてみて、問題がなければ食べることができるでしょう。

一方、賞味期限と一文字しか違わない消費期限は、安全に食べられる期限のことで、お弁当やサンドウィッチ、そ

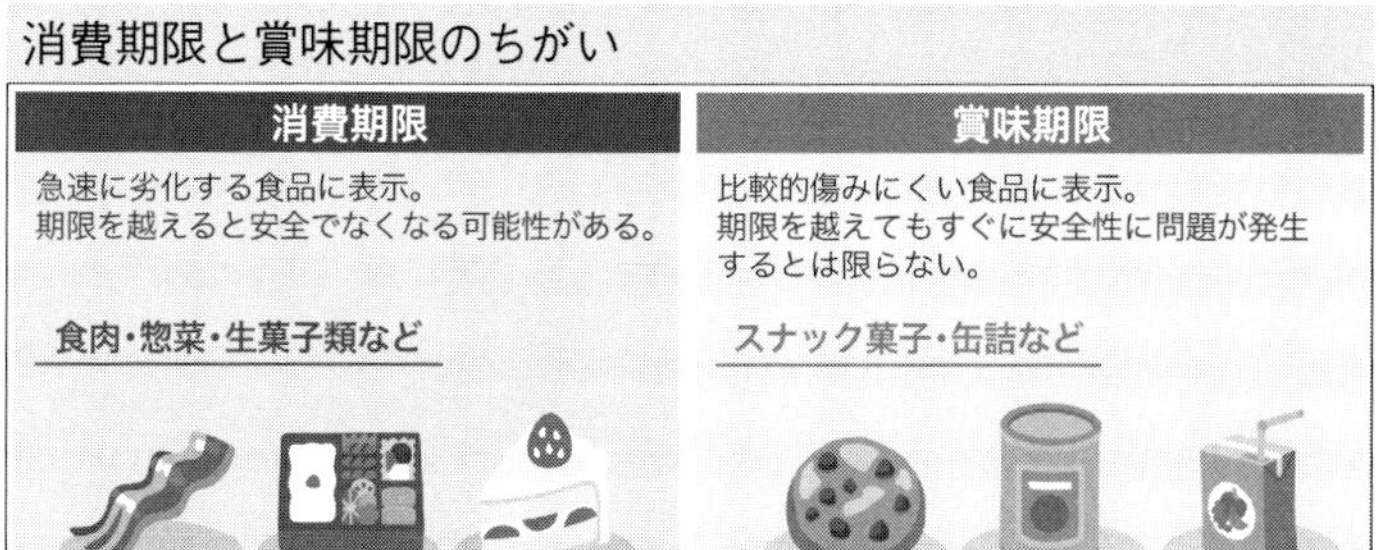

消費期限	賞味期限
急速に劣化する食品に表示。期限を越えると安全でなくなる可能性がある。	比較的傷みにくい食品に表示。期限を越えてもすぐに安全性に問題が発生するとは限らない。
食肉・惣菜・生菓子類など	スナック菓子・缶詰など

参考：東京都保健医療局

（ただし、一度開けてしまった食品は、期限に関係なく早めに食べるようにしましょう）

うざい、生めん、ケーキなど傷みやすい食品に表示されています。消費期限は過ぎてしまうと品質が劣化するため、食べるとお腹が痛くなるなど身体に悪影響が出るかもしれません。こちらは期限をしっかり守って安全に食べるようにしましょう。

「イベント消費」の食品ロスをなくそう

賞費期限や消味期限とは別に、イベントなどに合わせて「期間限定」で売り出す食品がありま す。お正月の前にはおせち料理の予約が始まり、春になるとお花見用のお団子や桜風味のお菓子がお店に並び、夏には土用の丑《うし》のうなぎが人気になるほか、最近はハロウィーンが近くなるとカボチャを使った商品が増えることも定番になってきました。こうした期間限定商品は四季折々の季節の変化が楽しめ、お祭り好きな日本ならではの食のスタイルとして親しまれてきました。ですが、限られた季節や期間にだけ需要《じゅよう》が集中する商品は、食品ロスにつながりやすいことが問題です。たとえば、近年、全国的に広まった節分の恵方巻は、もともとは関西地方だけの食文化でした。大阪生まれの私は小さな頃からあたりまえのように恵方巻を食べていましたが、関西以外の出身地の人にとっては突然現れたものだという印象かもしれません。この恵方巻が節分を過ぎた途端に大変な量が余っていると２０１７年にＳＮＳで大きな話題になりました。恵方巻はエビやマグロなどの生の魚を使うことが多いため、保存することができません。大量の恵方巻の食品ロスが社会的な話題になったことを受けて、最近は需要に見合った量を作るために、恵方巻は事前予約制にして予約された分だけを製造するという流れが目立ちます。

このほか、バレンタインデーのチョコレートも、イベント後は一気に需要が減ってしまいます。2月14日を過ぎるとバレンタイン仕様のラッピングがされた商品は、たとえ賞味期限以内でもメーカーへ返品されたり、廃棄されたりすることがあります。しかし、近年はチョコレートの食品ロスを減らそうと、2月15日以降も余ったチョコレートを販売するイベントを開く取り組みが増えています。その日に食べるからこそ特別な意味があるのはもちろんですし、こうしたイベントは私も大好きで楽しんで参加しています。しかし、毎年のように膨大な量の食品ロスが出てしまうのは大きな問題です。イベントの当日を過ぎてしまったとしても、食べ物の品質自体はすぐには変わりません。恵方巻やチョコレートの食品ロスを削減しようという新たな取り組みを「いいね！」と支援する人が多くなれば、ほかのイベントでも同じような動きが始まるのではないでしょうか？

食品ロス削減先進都市・京都で誕生したゼロウェイストのスーパー

飲食店や宿泊施設でも食品ロス削減に前向きで、成果を上げたのが京都市です。ここは「京都議定書」（詳しくは25～26ページ参照）が締結された地でもあり、とても環境保護への意識が高い街なのです。市内ではお客さんが食べ切れるサイズを自分で選べる、食べ残しを持ち帰れるなどの工夫をしています。食品ロス対策などの効果もあり、京都市は２０００年から20年をかけて、ごみの量を年間82万トンから38・５万トンまで半分以下に削減することに成功しました。

京都市には、ごみも食品ロスも出さない「ゼロウェイスト」なスーパーがあります。このスーパーの特徴は、野菜もお菓子も調味料もすべて使い捨てのごみを出さずに、「量り売り」やデポジット制の瓶などで販売していることです。なので、お客さんは必要な分だけを自分で決めて購入することができます。いずれごみになってしまうパックなどの使い捨て容器は用意されていないため、自分でお家から容器を持ってきてもいいですし、お店で専用の容器やビン、布製の袋を買うこともできます。さらに、デポジット制で容器を借りることもでき、またお店に容器を戻すと返金されるため、実質無料で容器を使うことも可能です。

私も実際にお店を訪ねて量り売りを体験しました。お店には、野菜と果物やそうざい、パスタなどの麺類にスパイスや液体の調味料など様々な商品が見渡す限り並んでいて、何だか外国のおしゃれなお店に来ているような気分でした。どれを買おうか迷ってしまいますが、それもまた楽しい時間です。量り売りでのお買い物ははじめてでしたが、店員さんがやさしくレクチャーしてくれ、おすすめの商品を丁寧に教えてくれました。この日はおやつタイムに少しずつ楽しめそうなピスタチオとチョコレートを自分が食べ切れる量だけ購入し、やさしい手触りの袋へ。バッグの中へお菓子の詰まった袋を忍ばせるのは、宝物を持ち歩いているような気分です。個包装して並べられた商品を

量り売りで無駄なく買い物を楽しめる

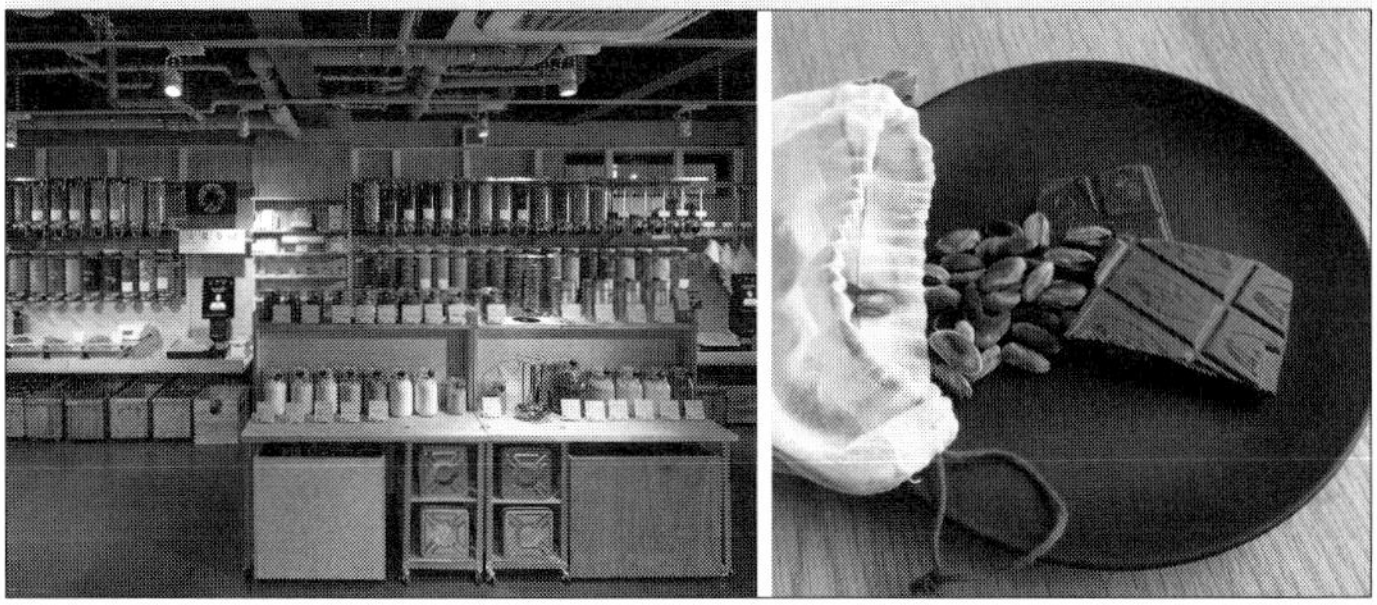

提供：株式会社斗々屋（画像左）

選ぶよりも、お店の人との会話がはずみますし、お買い物するという時間がいつもより豊かなものに感じられました。ただ食品ロスを減らしましょうと言われるよりも、量り売りは楽しいという時間を体験することで、食べ物を大切にして、地球環境への負担を減らすためには何ができるのか考えやすくなると感じました。

捨てられる野菜を有効活用　「もったいない」から新たな価値を

近頃、色や形などの見た目が決められた規格から外れてしまった食材を無駄なく活用しようという取り組みが注目されています。少し傷が付いたり、色が変わってしまったりしても品質に問題のない食べ物が捨てられてしまうのは、とてももったいないことです。

農産物、ミールキットなどの定期宅配サービスを提供している会社では、食品ロスを減らすため規格外の野菜を通常より安く販売する取り組みを行っています。猛暑や大雨、台風などの影響で通常のサイズから外れてしまったり、様々な事情で余ってしまったりした野菜や果物などは通常は廃棄されることが多いですが、お手頃な価格で販売することで、無駄にすることなく活用できます。私も長雨の影響を受けた沖縄県産のおくらを購入してみました。確かにおくらは、大きく曲がったものもあれば、とても短い丈のものもあるなどサイズはふぞろいですが、味には何の問題もなく、とてもおいしかったです。鶏ささみと梅肉でからめてさっぱりといただきました。おいしい食材が安く手に入るため家計の助けになりますし、少しでも育ててくれた農家の方の支えになるなら今後も使い続けたいです。

大きさ・形がふぞろいのきゅうり

台風の影響で皮がこすれ傷がついたなす

提供：オイシックス・ラ・大地株式会社

捨てられる野菜がアップサイクルでクレヨンに

また、規格外の野菜に付加価値を付けて変身させる「アップサイクル」という方法もあります。たとえば、廃棄される野菜を活用して作られた「おやさいクレヨン」は食品ロスを削減するためのアイディアとして高く評価されています。「おやさいクレヨン」は、野菜が生み出すやさしい色合いはもちろん、おいしそうな名前も人気の秘密です。加工時にカットされる切れ端を使った「にんじん」色に、収穫した時に捨てられる外葉を利用した「きゃべつ」色、ジャムやジュースを作る時に余る皮から生まれた「カシス」色などがあります。「このクレヨンは、もともとはお野菜だったんだよ」と話しながら、お子さんと一緒にお絵描きを楽しむことで、いつもと違ったおしゃべりの時間が生まれそうです。アップサイクルはリサイクルから一歩進んで、単に再利用するだけでなく、新たな価値を届ける取り組みなのです。

天気予報を活用することで食品ロスを減らしたい

極端な暑さや大雨などの異常気象は、農作物の成長だけでなく、お店の売り上げにも影響を及ぼします。暑くてたまらない時は、冷たい飲み物がよく売れますし、寒くなり始めると温かくて食べごたえのある高カロリーの食べ物が求められます。

気温や天気の情報を商売に活かす手法を「ウェザーマーチャンダイジング」といいます。たとえば、アイスクリームは気温が25℃以上になるとよく売れるといわれますが、30℃を超えてもっと暑くなるとさっぱりとした味わいのかき氷のほうが売れるそうです。気象の変化を見込んでお店へ並べる商品の仕入れを調整すれば、売り上げをアップさせるだけでなく、売れ残りを防いで食品ロスを減らすことも期待できますよね。実際に食品ロス削減のために天気予報をビジネスに活用する動きが広まってきています。

私は学生の頃、パン屋でアルバイトをしていたことがあります。おいしいパンに囲まれることは幸せでしたし、お店には毎日たくさんのお客さんが来ていました。ですが、雨の日にはどうしてもお客さんが減ってしまい、たくさんのパンが売れ残ってしまっていました。雨の日にはポイントを2倍にするなどのサービスを行い、何とか売れ残りを減らそうという取り組みをしていましたが、当時、天気予報を活用することでお店に陳列する量を調整することができれば…と悔やまれます。気象業界で働く一人として、天気予報を活かしてお店の食品ロスを減らすことに貢献できればいいなと思っています。

食品ロス削減レシピにチャレンジしてみよう

食品ロスを出さないために買い物の工夫をすることは大事ですが、それでもうっかり食材を余らせてしまうことはあると思います。そんな時におすすめしたいのは、冷蔵庫の大掃除にもぴったりで、一度にたくさんの野菜を活用できる鍋料理です。

冷蔵庫の中に、たくさん買いすぎて使い切れなかった野菜はありませんか?そのまま捨てては無駄になるだけです。少しシナッとしていても、お鍋で煮込めば問題なく食べられます。野菜のほかにも余ってしまったきのこやお肉を一緒に煮込めばうまみが増します。少し固くなったごはんはシメの雑炊にして味わえます。最近はお鍋のスープの素もたくさんあるので、色んな種類をストックしておけば、余ってしまった野菜たちの救済に役立ちますよ。

お鍋のほかにも、アイディア次第で余った食材を活用できる方法は無限に生み出せます。お肉やきのこなどはまとめて下処理をして冷凍保存したり、野菜はピクルスや漬物にして保存食にしたりするのも手です。「混ぜる」「刻む」「包む」など、ほんのちょっとしたアレンジを加えて食べることで、食品ロスを少しでも減らしていきましょう。次に紹介するレシピも参考にして、家族の人と一緒にあなたのオリジナルレシピを作ってみてくださいね。

★食品ロス削減レシピ①「残り物野菜を活用！お弁当にもおすすめの豚巻き」★

捨ててしまいがちな野菜の切れ端を活用して、ボリューム満点のおかずをもう一品作るのはいかがでしょうか？冷めてもおいしいので、お弁当のおかずにもぴったりです。エリンギなどのきのこを巻くのもおすすめです。

【材料（1人分）】

- ●余ったにんじん、ブロッコリーの茎などの野菜　適量
- ●豚ロース肉　150g
- ●チーズ　お好みで
- ●白ごま　お好みで
- ●しょう油　大さじ2
- ●酒　大さじ2
- ●みりん　大さじ2
- ●サラダ油　大さじ1

【作り方】

①ブロッコリーの茎は固いので、ラップに包んで電子レンジで温めておく（６００ｗで約３分）。※皮が気になる人はむいてください。

②①やにんじんなどの野菜を細切りにする。

③豚ロース肉に②やチーズを乗せて巻く。

④サラダ油を引いたフライパンで③の両面を焼く。

⑤焼き色が付いたら、ふたをして中火で約３分加熱する。

⑥混ぜ合わせておいたしょう油、みりん、酒を加えて、⑤にからめて焼き上げる。

⑦白ごまを振りかけて完成。

★食品ロス削減レシピ②　「捨てる前に刻んでIN簡単つくね」★

使い切れなかった野菜は捨ててしまう前に細かく刻んでしまいましょう。ひき肉と一緒につくねの具材にすれば、立派な夕飯の一品になります。

【材料（2人分）】

●鶏ひき肉　200g
●にんじんの切れ端　適量
●大根の葉　適量
●卵黄　1個
●大葉（お好みで）　4枚
●サラダ油　大さじ1／2

A
●しょうがチューブ　小さじ1

●砂糖　小さじ１／２
●塩　ひとつまみ
●しょう油　大さじ１
●酒　小さじ１
●みりん　大さじ１
●片栗粉　大さじ１

【作り方】

①にんじんの切れ端や大根の葉など、冷蔵庫に残っている野菜をみじん切りにする。
②①と鶏ひき肉、Ａをボウルに入れ、ねばりが出るまでよく混ぜ合わせる。
③②を４つに分け、楕円形に成形する。
④サラダ油を引いたフライパンに③を入れ、中火で片面約２〜３分ずつ焼く。この時、ふたをして火を通す。
⑤④の中まで火が通ったら、鉄砲串などに刺す。大葉と卵黄を添えて完成。

★食品ロス削減レシピ③　「ベジブロスで作る簡単炊飯器ピラフ」★

野菜の皮や切れ端を使ってとるだしを「ベジブロス」といいます。野菜のうまみがつまったベジブロスは、煮込み料理や炊き込みご飯など様々な料理に活かせます。

【材料（5～6人分）】

●米　3合
●にんじん　1／2本
●玉ねぎ　1／4個
●ピーマン　1個
●ベーコン　100g
●バター　30g
●水　600㎖
●塩　少々
●酒　小さじ1

●こしょう　少々
●乾燥パセリ　少々

【作り方】

①にんじん、玉ねぎを粗みじん切りにする。ピーマンは１cm角の角切りにする。
②ベーコンを１cm幅に切る。
③鍋に水と酒を入れ、にんじん、玉ねぎ、ピーマンの皮や切れ端、種（ティーパックに入れる）を中火で10～15分ほど、ぐつぐつと煮込む。
④炊飯器の内釜に、①、②、③と米、バター、塩、こしょうを入れ、軽くかき混ぜて炊飯する。
⑤炊き上がったら、お皿に盛り付け、乾燥パセリを振りかけて完成。

環境にやさしい食品選び「地産地消」

みなさんがきょう食べたものは、どこで、どのようにして作られたものかご存知ですか？日本の食料自給率は約40パーセントとかなり低く、たくさんの食べ物を海外から輸入しています。

このため、「**フード・マイレージ**」が非常に大きく、地球の環境に負担をかけ地球温暖化にも関わっていることが問題視されています。**フード・マイレージとは、食べ物が消費者に届くまでに、どれくらいの距離を輸送されてきたのかを示した数値です。たくさんの食べ物を遠くから運ぶほどフード・マイレージは大きくなります。**

遠く離れた場所から食べ物を飛行機やトラックなどで運べば、大量の二酸化炭素が排出されます。それだけでなく、保存のために水や電気などたくさんのエネルギー資源も必要です。多くの二酸化炭素が排出されることで環境に負荷をかけていることが問題なのです。

一方、地元で作られた食べ物であれば、輸送の際に排出される二酸化炭素は減少し、必要なエネルギーも少なく済みます。**地元で育った食べ物を地元で消費することを「地産池消」といいます。**地産地消の食生活は地球の環境にやさしいだけでなく、地元の食べ物が多くの人に食べられると、その地域の農業が盛んになって、田畑が豊かになり自然環境を守ることにもつながっていくのです。地元で生産された食べ物を選びたいと思ったら、みなさんの暮らす地域で地元産の商品が集まったお店がないか調べたり、スーパーで買い物をする時に地元産の食べ物を選んだりしてみましょう。最近は、農家の人の顔写真や似顔絵と名前を一緒に紹介していることもあり、野菜や果物を作ってくれた人をより身近に感じられますよね。自分たちの地元でどんなものが育てられ、地域の特産品になっているかは意外と知らないかもしれません。ぜひ一度、地産地消を意識して買い物をしてみてください。

いざという時の非常食にも　大豆ミートを試してみて

第2章では牛肉などのお肉を作るためには、メタンという温室効果ガスの排出が避けられないとお伝えしました。温暖化を止めるためにはお肉を食べなければいいということはわかっていても、誰もがベジタリアンやヴィーガンになれるわけではありませんよね。それに、お肉は私たちの身体を作るために欠かせないタンパク質の源です。それなら、環境にやさしくて、おいしい栄養価の高いお肉があれば最高です。そんな願いを叶えてくれる食品として登場したのが「大豆ミート」です。大豆ミートとは、大豆からタンパク質を取り出し、繊維状にしてお肉のように加工した食品です。簡単にいうと「豆で作られたお肉のような食べ物」といったところでしょうか。もともとお肉を食べないベジタリアンやヴィーガンに向けた商品でしたが、最近は健康意識や環境への配慮が高まって人気を集めています。スーパーでも販売され、ハンバーグとして加工されたもの、ひき肉にしたミンチタイプのもの、ナゲットタイプのものなど様々な大豆ミート商品が展開されています。

大豆ミートを食べたことのない人にとって、気になるのがやっぱり味ですよね。私の感想をお伝えすると、大豆ミートは普通のお肉に比べるとやはりうまみやジューシーさはあまりありません。ただ、食感はかなりお肉に近いのではないかと思います。

料理に使う時のポイントは、味付けを普段より少し濃くすることです。大豆ミートはお肉に比べてパサパサとしているため、しっかり下味をつけることでおいしく仕上がります。大豆ミートは健康を意識した食事作りにもぴったりな食品です。大豆が主な成分なのでタンパク質が豊富であることに加え、油分をしぼっているため低カロリーです。ダイエット中の人やお肉の脂身が苦手だという人にもおすすめですよ。

もう一点、気象予報士・防災士としてお伝えしたい大豆ミートの長所は、長期間の保存ができるという点です。大豆ミートの賞味期限は、乾燥タイプのもので約12か月といわれています。普通のお肉を冷蔵で保存するのと比べて、かなり日持ちします。このため、非常食として備えておくことができるのです。非常食というと、乾パンやパックのご飯などが中心になり、どうしても栄養が偏ってしまいがちですが、大豆ミートがあれば災害時もバランスよく栄養をとることができます。環境にやさしいだけでなく、ヘルシーで、いざという時の非常食にもなる大豆ミート。将来的には、あたりまえのように口にする時代がやってくるかもしれません。各企業の商品によって、見た目も味もバラエティー豊富なので、ぜひ一度食べ比べてみてください。

★「大豆ミートで地球にやさしい三食丼」★

「大豆ミート」に苦手意識があるという人は、味付けしやすいミンチタイプのものからお試しを。温室効果ガスを減らせる大豆ミートは、地球環境にやさしくサステナブルな食事につながります。「どんな味がするのだろう?」と楽しみながらチャレンジしてみてください。

【材料(1人分)】

●ごはん　200g

〈大豆ミートそぼろ〉

●大豆ミート（ミンチタイプ）　100g
●しょう油　大さじ1
●砂糖　大さじ1
●酒　小さじ2
●サラダ油　小さじ1

〈卵そぼろ〉
- 卵　１個
- 塩　少々
- みりん　小さじ１
- サラダ油　小さじ１

〈ほうれん草〉
- ほうれん草　２株
- 顆粒和風だし　小さじ１／３
- 熱湯　大さじ３

【作り方】

①お湯を沸かし、沸騰後によく洗ったほうれん草を鍋へ入れて、さっとゆでる。冷水にさらして、水気をしぼっておく。

②ほうれん草を２～３cm幅に切る。

③ボウルに顆粒和風だしを入れ、熱湯で溶かす。②を加えて和える。
④別のボウルに卵を割り入れ、みりん、塩を加えてよく溶き混ぜる。
⑤フライパンにサラダ油をひき、④を流し入れて、菜箸でかき混ぜながら中火で炒め、卵そぼろを作り、別の皿に取っておく。
⑥フライパンを軽くキッチンペーパーでふき取って、サラダ油をひき、大豆ミートを中火で約3分炒める。
⑦⑥にしょう油、砂糖、酒を加えて炒める。
⑧丼にごはんをよそい、③、⑤、⑦を盛り付けて完成。

新型コロナウイルスの流行で食材が大量に余る　もしもを想像してみて

２０２０年の年明けから新型コロナウイルスが世界中で流行し、パンデミックとなりました。中国の武漢という小さな町で始まったウイルスの感染がわずか数か月で日本でもあっという間に広がり、私たちの生活に大きな影響を与えました。新型コロナウイルスの流行は、飲食業界に大きな打撃をもたらしました。ウイルスの飛沫感染を防ぐため、マスクを外して大人数で飲食することをひかえるように求められ、政府は飲食店に休業や時短での営業を要請しました。特に、流行が始まったばかりの頃は対策が追い付かず、急にお店を閉めなければならないということもあり、多くの食べ物や飲み物が余ってしまったのです。

また、お店だけではなく学校も閉鎖されたため、給食で出されるはずだった大量の牛乳も行き場をなくしました。そこで、農林水産省は酪農家を支えるため、牛乳やヨーグルトを普段より１本多く消費することを推進する「プラスワンプロジェクト」を始めました。スーパーでは牛乳を使って作るデザートの素などとセットで買えば、割引きになるキャンペーンを行うなど牛乳の消費を支援する動きが広がりました。

新型コロナウイルスの流行は、地球温暖化や気候変動とは直接関わりのない問題ですが、こうした誰も予想することのできないことがまた起きる可能性はあります。２０１１年に発生した東日本大震災もそうです。福島第一原子力発電所の事故により、風評被害を受けて農作物を売れなくなったという人もいます。世界のどこかで不測の事態が発生した時に、自分には関係ないからと関心を持たないことは楽ですが、困っているなら自分も助けたいとできることを探せば、きっと見つかるはずです。もし、あなたの家がレストランだったら、震災の被害を受けたのがあなたの家族だったら…と一度、想像してみてください。困った時はお互いさまです。

「エシカル消費」で社会を変える第一歩を

「エシカル消費」ということばをご存知でしょうか？ エシカルとは、「倫理的な」という意味で、「やさしい、思いやる、かしこい」という意味として考えてもいいでしょう。消費は、お金を払って物を買ったり、サービスを受けたりする活動のことです。**「エシカル消費」とは、誰かのことを思いやったり、社会のことを考えたりして行う消費**です。主に、人や社会、地球環境、地域のことを考えて作られたものを、買ったり使ったりすることという意味で使われています。

今、様々な企業がエシカル消費を意識したもの作りに力を入れています。たとえば、衣料品メーカーではリサイクルしやすい素材を使って、環境に負担をかけない洋服を作っています。コーヒーチェーン店でもプラスチック製のカップやストローを紙製のものに取り替える動きが目立っています。

第3章で紹介してきた食のアクションを取ることもエシカル消費です。食品ロスを防ぐため賞味期限の近い商品を選ぶ、フード・マイレージの小さい地元産の野菜を食べる、環境にやさしい大豆ミートなどの代替品にチャレンジする…どれも地球の環境や誰かのことを思いやって行う行動ですよね。

地産地消や環境保護を意識した商品を選ぶことで、その商品に関わる企業を応援することができます。私たち一人一人の行動はとても小さくて、そんなことをしても意味はないという人もいるかもしれません。ですが、小さな行動の積み重ねが周りの人の意識を変え、やがて社会を変えることにつながると思います。まずは、小さなアクションを起こしてみましょう。

【食品ロスを出さない工夫をしよう】

参考
・本書62～99ページ
・環境省ウェブサイト「COOL CHOICE」 https://ondankataisaku.env.go.jp/coolchoice/
・農林水産省「食品ロス・食品リサイクル」
https://www.maff.go.jp/j/shokusan/recycle/syoku_loss/index.html

✓ 冷蔵庫にはどんな食べ物があるかな？

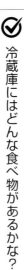

食べ物を使い切るにはどんな工夫が必要かな？

買い物の時に気を付けることも考えてみよう！

第４章

変わりゆく地球で
自然災害から命を守るために
天気予報の活用を

変わりゆく気候に適応するために天気予報の活用を

気候変動の進行をおさえるために行動を起こすことは大切ですが、すぐに地球の環境を変えることは難しいです。このため、現在進行形で変わりゆく気候に私たち自身が適応していく必要もあります。近年、人類がこれまでに経験したことのない気象災害が毎年のように起きています。災害から命を守るためには、事前にどれだけの備えをできるかがカギです。予報精度の向上により、気象災害の多くは前もって予測できるようになってきましたが、その危機を知るための情報を上手く活用できなければ命を守れません。第4章では、**地球温暖化によって頻発する気象災害から命を守るために活用したい情報についてお伝えします。**

温暖化が進むとますます心配　熱中症は気象災害の一つ

様々なメディアで伝えられる天気予報。みなさんも天気や気温を知るためにテレビやインターネットなどで利用していると思います。天気予報は、大雨や台風、危険な暑さなど災害が発生しそうなことを知らせる役割もします。

今、地球温暖化などの影響によって夏の暑さはますます厳しくなっています。例年、夏に熱中症で救急搬送される人は５万人前後にのぼり10万人近くになることもあります。さらに、熱中症によって命を落とす人は１０００人を超える年もあり、熱中症は今や気象災害の一つといえるでしょう。

熱中症にならないように、天気予報で気温を確認する人は多いと思いますが、暮らしに役立ててほしいのが「**熱中症警戒アラート**」です。これは、気象庁と環境省が「**暑さ指数**」をもとに、熱中症の危険度が特に高い時に発表する情報です。暑さ指数とは、気温、湿度、輻射熱《ふくしゃねつ》（日ざしを浴びた時に受ける熱や地面、建物などから出ている熱）といった要素を取り入れて熱中症の危険度を表したもので、環境省の「熱中症予防情報サイト」で確認できます。暑さ指数が33以上と予測されたら、前日の夕方や当日の早朝に、熱中症警戒アラートが発表されます。さらに、都道府県内のすべての観測地点で暑さ指数が35以上と予測された場合は「熱中症特別警戒アラート」が出されます。

この情報のポイントは、**気温だけでなく、湿度も高い時に発表される**ことです。たとえば、梅雨の時期などは気温はそれほど高くなくても湿気が多いとムシムシとしていて、汗がなかなか乾かなくなりますよね。湿度が高いと汗が蒸発しづらく、身体に熱がこもりやすくなるため、より熱中症のリスクが高まるのです。熱中症警戒アラートが発表されたら、どうしても急ぐ用事がある時を除いて外に出ることはひかえて、普段以上に積極的に水分補給をしましょう。

〈熱中症から命を守るための対策〉

◆こまめな水分・塩分の補給

↓水分はのどが渇いたと感じる前にとる

↓外であそぶ時や部活動中も、声をかけ合って水分補給を

◆冷房を適切に使って室温の調整を

↓室温を28℃以下にする　（※冷房の設定温度ではないことに注意）

◆日傘や帽子を活用して強い日ざしをなるべく避ける
↓日傘を使用すると、帽子のみを使用した場合と比べて、汗の量が約20パーセントも減少したという実験結果もある

◆炎天下での激しい運動はひかえる
↓危険な暑さが予想される場合は、保護者や教育関係者からも呼びかけを
↓暑さ指数は時間や場所ごとの予測も確認できる

◆小さな子どもやお年寄りなど体温調節が苦手な人への配慮を
↓いつもと話し方・表情などに変化はないか？チェックを
↓「ねむい」「だるい」ということばや「機嫌が悪い」「泣き止まない」などの態度は、熱中症になっているサインの可能性あり

◆セルフチェックで健康管理を
↓栄養バランスのとれた食事、十分な睡眠を心がける

↓環境の変化があった時や長期休暇明けは身体が疲れやすいため、無理せず声をあげる勇気を
↓職場などの責任者は周囲の異変に気付けるように配慮を

◆熱帯夜が増加　夜間も油断せずに対策を
↓寝る前にも水分補給を行う
↓夜間も冷房は付けっぱなしにして、冷える場合はブランケットなどを活用する

命に危険を及ぼす大雨　「線状降水帯」から命を守って

地球温暖化の進行によって、大気中の水蒸気が増えると、雨雲が発達しやすい環境になります。ここ最近は、短い時間に極端な大雨になることが増えました。1時間に100ミリ以上の大雨の発生した回数（2013年から2022年の平均年間発生回数）は、統計を取り始めた1976年から1985年の10年間と比べて、約2倍に増加しています。たとえ大雨になっても、いつも大丈夫だからと油断するのは禁物です。

近頃、大きな被害をもたらす大雨が起きた時に、ニュースなどで「**線状降水帯**《せんじょうこうすいたい》」ということばを頻繁に見聞きしませんか。線状降水帯とは、文字通り、線状に連なった雨雲のかたまりのことで、同じような場所で集中的に豪雨をもたらすおそれがあります。一つの雨雲の寿命は30分～1時間程度と短いことが多いですが、線状降水帯のように発達した雨雲がいくつも連なると、数時間に渡って大雨となることがあります。現時点ではまだ線状降水帯の発生する時間や場所を正確に予想することは難しいですが、早い段階から注意を呼びかけて対策を取れるように日々研究が進められています。

線状降水帯が発生しそうな気象状況が予想されると、気象庁からは命を守るための呼びかけが行われます。山や崖、川の近くは、ひとたび線状降水帯が発生して大雨になると、急激に周りの状況が悪くなるおそれがあります。特に、土砂は崩れ始めると猛烈なスピードで流れ出します。その時になって避難を始めても到底、人間の走るスピードでは逃げ切れないので、早め早めの判断を忘れないようにしましょう。

ただし、線状降水帯はいつ、どこで発生するか正確に予想することが非常に難しいため、事前に予想されていなくても発生することはあると覚えておいてください。雨雲が急激に発達したり、同じような場所にとどまったりすると、記録的な大雨になるリスクがあります。「いつもの雨の降り方と違うかも？」と感じたら、スマートフォンなどを使って、気象庁の「**高解像度降水ナウキャスト**」で雨雲の動きを確認してください。この情報は普段から雨の降り方や止むタイミングなどを知るためにも役立つので、日常的に使い慣れておくことをおすすめします。

このほか、テレビやラジオなどで解説をする気象予報士のことばや表情にも、注意してみてほしいです。普段とは違う雨の降り方が

記録的な大雨をもたらす線状降水帯の例

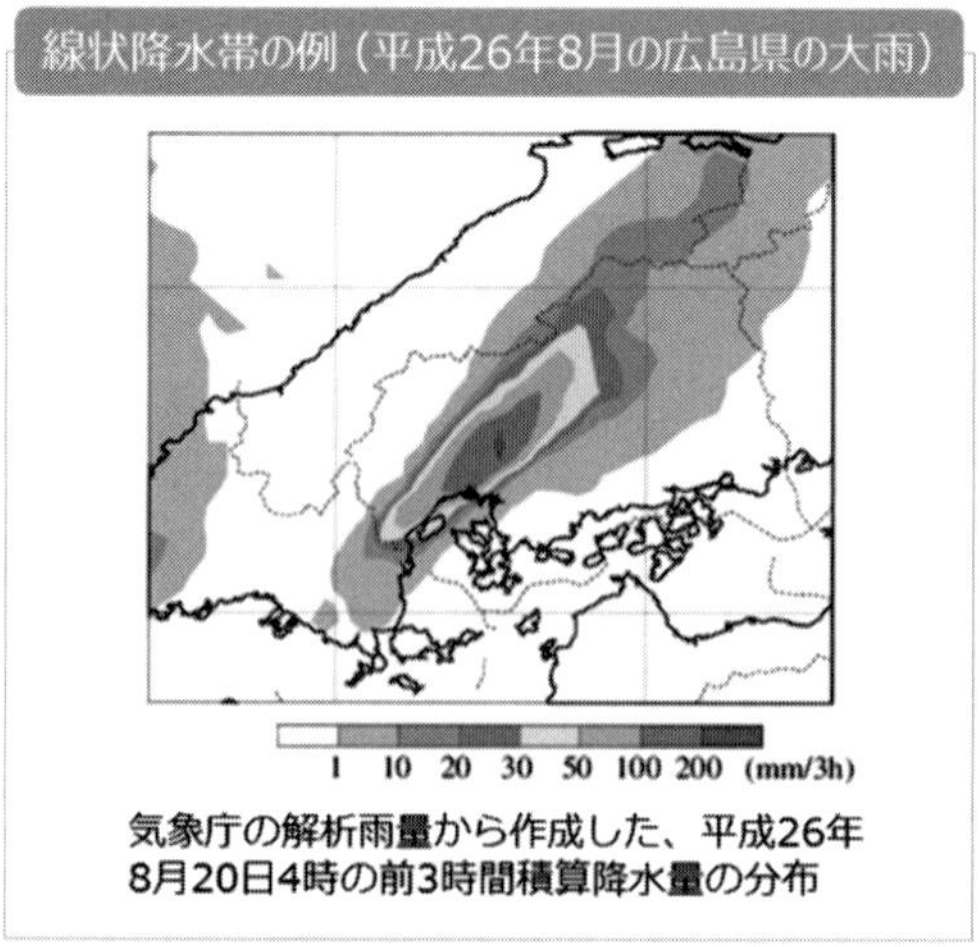

気象庁の解析雨量から作成した、平成26年8月20日4時の前3時間積算降水量の分布

出典：気象庁

予想される時に、気象予報士たちは「**大気の状態が非常に不安定**」や「**雨雲が予想以上に発達するおそれがある**」などの表現で、いつもと違う雰囲気で伝えます。天気予報のアプリなどでも、普通の雨と大雨の場合では傘のマークに違いを付けて表現していることがありますが、その雨が命に関わる危険があるかどうかまではわかりません。人間である気象予報士なら声や表情などを変えることで、命の危機を伝えられるのです。

突然の雷雨・竜巻から身を守るには

大雨を降らせる発達した雨雲を「**積乱雲**《せきらんうん》」といいます。夏によく見るモクモクと盛り上がった背の高い雲を思い出してください。わたあめのようでおいしそうに見えますが、とても危険な雲です。積乱雲は10㎞を超える高さにまで発達することもあります。この雲がもたらすのは雨だけではありません。雷や竜巻も積乱雲に伴って生じる現象で、命を奪うほどの威力で私たちを襲うことがあります。

雷が落ちやすい場所といわれるのは、海や砂浜、プール、ゴルフ場や運動場などの広く開けたところです。雷は周りより高いところに落ちやすいため、雷が発生しそうな時に傘やゴルフクラブ、釣り竿を高く持ち上げると非常に危険なので、絶対にやめてください。２０１６年の８月には埼玉県川越市で他校と練習試合中だった野球部の男子高校生に落雷しました。運動場のような周りに高いものがあまりない場所では、人に最も雷が落ちやすくなってしまうのです。

雷から身を守るための言い伝えは数多くありますが、実は正しくないものもあります。「金属を身に付けていなければ大丈夫」、「ゴム製の長靴で身を守ることができる」、「木の下に雨宿りすれば安心」、これらはすべて誤りです。アクセサリーや時計、メガネなどの小さな金属類を身に付けていても、落雷の危険性は付けていない場合とあまり差はありません。また、雷の電圧は極端に高いため、一般的には電気を通しにくいといわれるゴム製品でも落雷を防ぐことはできません。

木の下の雨宿りが危険な理由は、「側撃雷」を受けるおそれがあるためです。雷は木よりも人間のほうが電気を通しやすいので、木に落ちた雷が人間へと飛び移ることがあります。家などの軒先での雨宿りも危ないため、雷から身を守るには、頑丈な建物の中に避難をすることが一番です。

どうしても周りに頑丈な建物がない場合は車の中に逃げてください。車の表面は金属でおおわれているので雷が落ちることはありますが、電気は車体の表面を通って地面に伝わるため、中にいる人に電気が流れることはめったにありません。ただし、くれぐれも金属部分にはふれないようにしてください。

気象庁から「**雷注意報**」が発表されている時は、今は晴れていても今後、落雷が発生したり短い時間の強い雨、ひょうが降ったりするおそれがあります。雷雨が発生している時には気象庁の「高解像度降水ナウキャスト」と合わせて「**雷ナウキャスト**」を活用し、今どこで雷が発生しているか、今後の雨雲や雷雲はどう動くかを確認して、少しでも早く安全な場所へ避難することを心がけましょう。

また、竜巻も積乱雲の発達に伴って生じる現象です。竜巻に遭遇するのはまれなことですが、巻き込まれると家も自動車も一瞬にして吹き飛ばされてしまいます。竜巻は季節を問わず起こりますが、１９９1年からの統計によると、大雨や台風の被害が増える時期と重なる7月～11月に多く発生しています。

竜巻とは、**積乱雲の下で発生する激しい渦巻き**です。強い竜巻は「スーパーセル」という巨大な積乱雲に伴って発生します。スーパーセルは暖かく湿った空気を取り込みながら、数時間に渡って発達することもある特殊な積乱雲です。寿命が長い理由は、下降気流と上昇気流が別々の位置に生じるためです。地上から湿った空気を持ち上げて雲の発達をうながす上昇気流が、下降気流によって打ち消されることがないため、雲は長い時間存在することができます。

２０１２年５月６日に茨城県つくば市などで発生した竜巻は国内最強クラスの竜巻でした。当時、日本の上空５５００メートルにはマイナス21℃以下の強い寒気が流れ込んでいました。一方で、強い日ざしによって地上の気温は上昇したため、大気の状態が非常に不安定となり

竜巻などの激しい突風は7月～11月に多く発生する

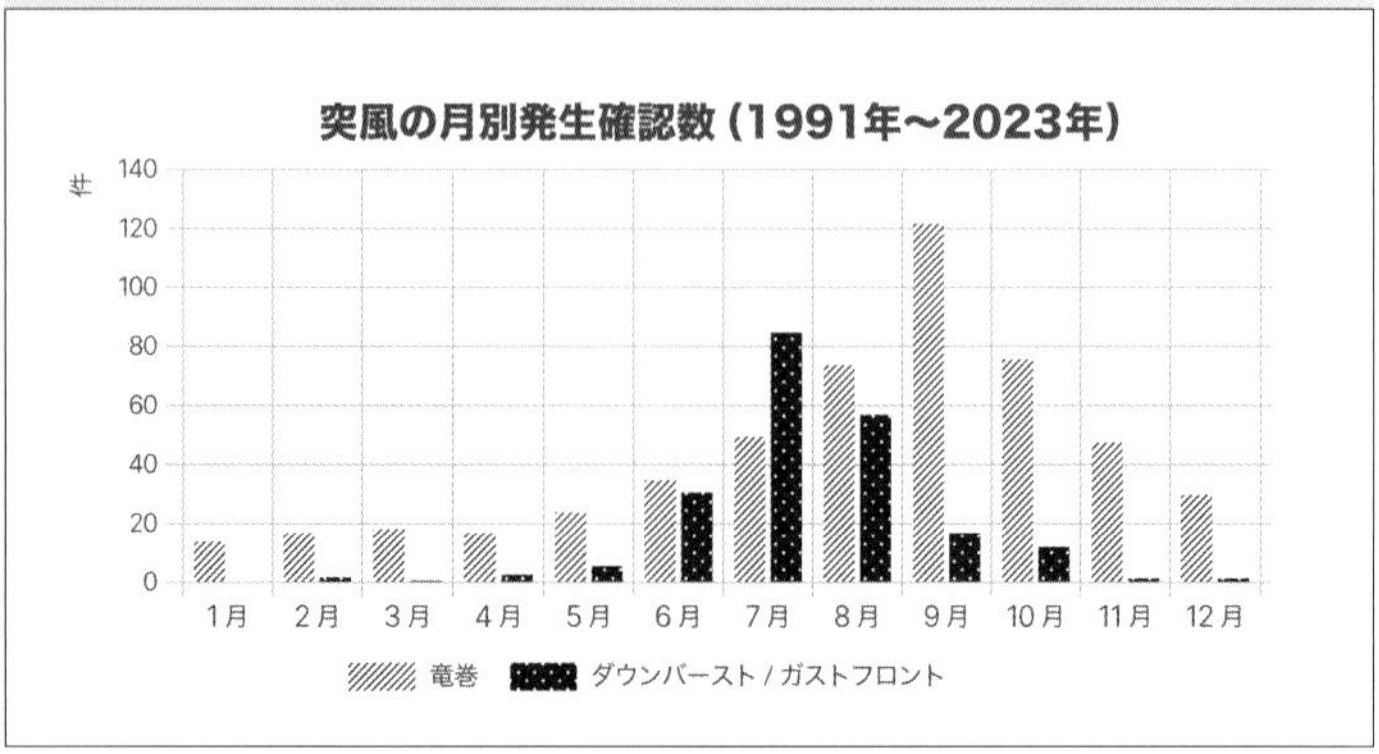

出典：気象庁「突風の月別発生確認数（1991～2023年）」を一部加工

積乱雲が発達しました。気象庁の報告ではこの竜巻によって２００棟を超える住宅が全壊または半壊し、亡くなった人が1名出るなどの被害となりました。

竜巻を数日前からいつ、どこで起きるのかピンポイントで予測することは困難です。また移動スピードが非常に速いこともあり現状では建物などの被害は防げませんが、身の安全を守るために対策をすることは可能です。今まさに竜巻が発生しやすい気象状況になった場合に「**竜巻注意情報**」を発表して危険を知らせます。この情報はテレビの速報テロップでも表示されます。竜巻注意情報が発表されたら、約1時間は安全な場所で過ごしてください。さらに危険な状況が続く場合は、改めて情報が発表されます。特に大勢の人が集まる屋外でのイベント会場やクレーンなどを使用した工事現場などでは安全確保にある程度の時間がかかるため、早めの避難が必要です。「**真っ黒な雲が近付き周囲が急に暗くなる**」、「**ゴロゴロとした雷の音が聞こえる**」、「**ヒヤッとした冷たい風が吹く**」、「**大粒の雨やひょうが降る**」、これらはすべて竜巻の起こる予兆です。屋外では、すぐに頑丈な建物の中に移動し、シャッターなどは必ず閉めてください。プレハブや物置、車庫は吹き飛ばされやすいため危険です。屋内では、窓やカーテンを閉めて丈夫なテーブルの下に入るなど、なるべく身を小さくして頭を守ることが重要です。屋根や2階以上は吹き上げられやすいため、１階の窓のない部屋に移動してください。

台風情報　正しい見方を覚えておこう

２０１９年に関東地方などに接近した台風15号と台風19号は、後世に災害の経験や教訓を伝えるため、それぞれ「令和元年房総半島台風」、「令和元年東日本台風」と名称を定められました。台風に名前が付けられたのは１９７７年の沖永良部台風以来のことでした。これらの台風によって千葉県などで大規模な停電が発生したり、多摩川や信濃川といった大きな川が氾濫したり、東日本を中心に広い範囲で大きな被害が出ました。勢力が強い台風は大雨に暴風、高潮、高波と一斉に激しい現象を引き起こすことがあります。被害を最小限にとどめるために、台風の進路予想には大変な注目が集まります。台風の進路の予想を示した図を目にしたことのある人は多いと思いますが、意外にも情報の意味は正しく知られていません。

１１８ページの図に示されている×印は、台風の中心が現在ある場所です。中心を囲む赤い円は「**暴風域**」と呼ばれ、この円の内側では平均風速25メートル以上の風が吹いていて、大人でも何かにつかまっていないと立っていられず、走っているトラックが横転してしまうほどの風が吹き荒れています。黄色い円は「**強風域**」で、この円内では平均風速15メートル以上の風が吹いています。強風域の中に入ると、トタン板や看板は飛ばされてしまい、高いところで作業をするのは危険になります。最も注目されるのが、白い破線で描かれている「**予報円**」です。予報円は誤解されやすく、円がだんだん大きくなっていると、台風が成長して大きくなると思われることが多いのですが、これは間違いです。予報円とは、予想時刻に台風の中心が約70パーセントの確率で入

出典：ウェザーマップ

る範囲のことです。たとえば、下の図の場合、20日の9時の予報円は日本海から関東など本州南岸まで入るくらいの大きさになっています。ということは、台風の中心は予想時刻に日本海に進んでいる可能性もあれば、東日本付近に接近している可能性もあるのです。さらに、台風の中心が予報円内にある確率が約70パーセントということは、予

台風経路図（実況と5日先までの予報）

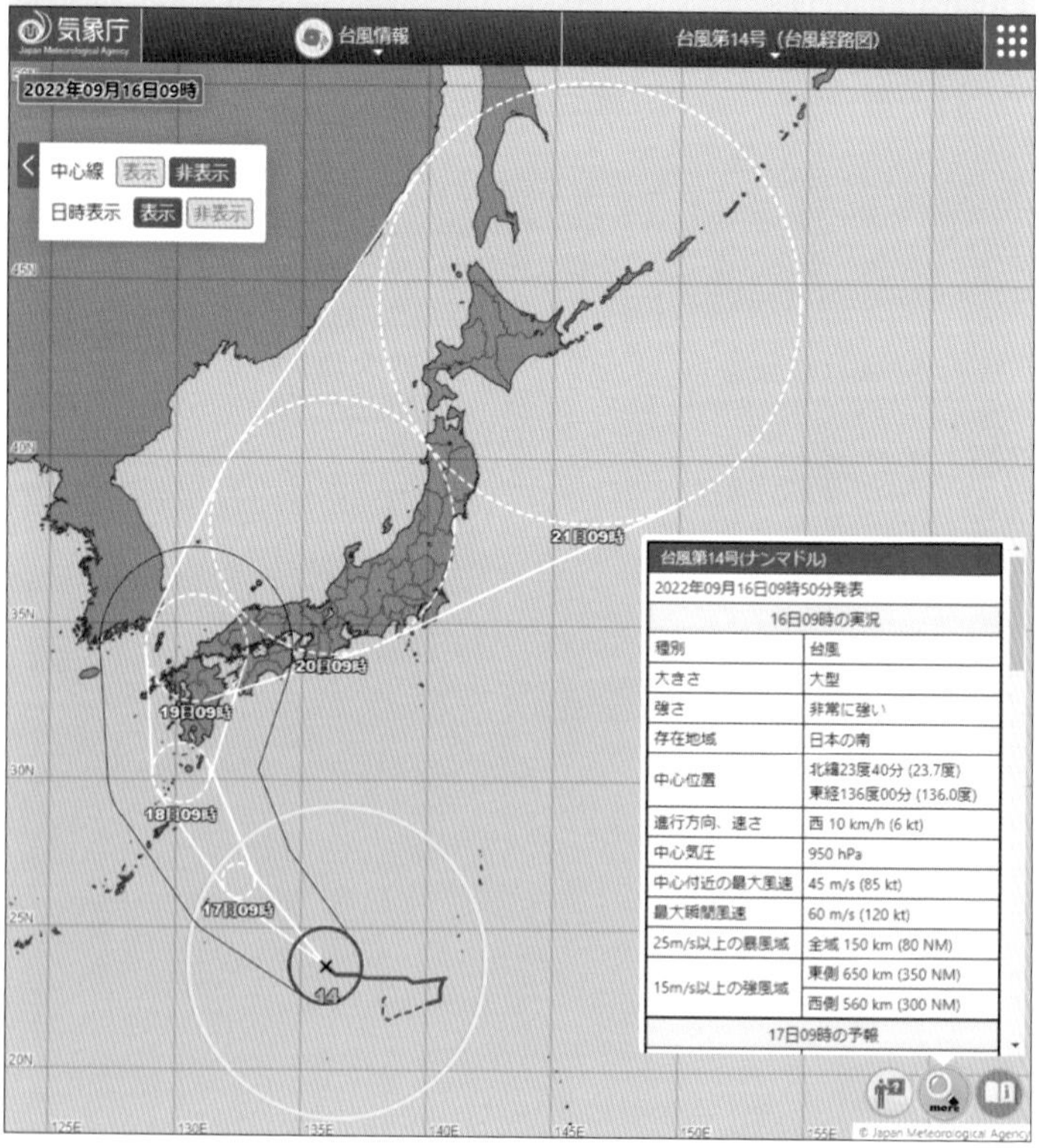

出典：気象庁「台風経路図の例」を一部加工

報円の外に進む確率も30パーセントはあるということです。予報円が大きい時はまだ進路や速度が定まっておらず、予想のブレ幅が大きいため最新の情報を確認する必要があります。

また、台風の中心から離れている場所でも、大雨になることはあります。特に、日本付近に前線が停滞している場合は要注意です。梅雨や秋のはじめには、長雨をもたらす梅雨前線や秋雨前線が停滞することがよくあります。前線に向かって、台風周辺の非常に暖かく湿った空気が流れ込むと、前線の活動が活発になり大雨となる危険度が高まります。「前線＋台風」は台風の中心から離れた場所でも大雨のリスクがあると覚えておいてください。

特別警報は「気象庁からの最後通告」

気象や防災に関する情報はとても数が多くて、名前も難しい。そんな声を耳にすることがあります。年々、気象災害による被害が拡大しているため、十分な対策を取るために新しい情報が増えています。これらの情報は便利な反面、複雑になっているとも感じます。すべての情報を把握するのは困難でも、数多くある情報の中で必ず覚えておいてほしいのが「**特別警報**」です。

「**特別警報**」**とは、重大な災害の起こるおそれが著しく高まっている場合に最大級の警戒を呼びかける情報です。**２０１３年8月30日に運用が開始され、その翌月16日に台風18号の接近に伴う大雨で京都府、滋賀県、福井県に全国ではじめて発表されました。特別警報の運用前は「注意報」と「警報」によって、注意喚起が行われていましたが、年々災害のレベルが上がるにつれて、これらの情報では十分に避難をうながすことができなくなったため、さらに上の段階の情報として特別警報が作られました。

「**特別警報**」**とは、一言で説明すると「気象庁からの最後通告」です。**この情報が発表されたということは、**すでに甚大な災害が起きているかもしれない**ということで、特別警報が発表されてから避難をするのでは手遅れになるおそれがあります。

ただ、避難をするというのは、とてもハードルが高いことです。その理由の一つは、私たちの心の働きにあります。外は大雨になっていても、心のどこかでこんな風に感じることはありませんか？「きっと大丈夫だろう」と。正直なことをお話しすると、私自身も心の片隅でそう思ってしまうことがあります。何か異常なことが起きた時に「大したことではない、自分は大丈夫だ」と思い込み、平常心を保とうとする心の働きは誰もが持っています。これを「**正常性バイアス**」といいます。正常性バイアスとは心理学の用語で、何か異常事態が起きた時も平常心を保って、冷静でいようとする心理のことです。正常性バイアスが働くことで避難を遅らせてしまうリスクがあります。今までも大丈夫だったから、今度の大雨もきっと大丈夫だろうという思い込みがブレーキをかけ、手遅れになってしまうかもしれないのです。もしも、避難をすべきかどうか迷った時には、正常性バイアスが働いていないか、自分自身に問いかけてみてください。

「キキクル」の活用で自分の命は自分で守る

カタカナ４文字で「**キキクル**」。２０２１年に一般公募によって決定した「**危険度分布**」の愛称です。災害の危機が迫っていることがわかりやすく表されていると評価され、この愛称に決まりました。危険度分布は、今、どこで、どんな災害の危険が迫っているのかを見える化した情報で、

「土砂災害」、「洪水害」、「浸水害」の3種類があります。災害の危険度はレベルによって色分けで示されます。最も危険度の高いエリアは「黒（災害切迫）」で表示され、「紫（危険）」、「赤（警戒）」、「黄（注意）」と続きます。必ず覚えておきたいことは、最も上のレベルの「黒（災害切迫）」の場所は、すでに何らかの災害が発生している可能性が極めて高い状況だということです。黒の段階で避難を始めていては遅すぎます。一つ下のレベルの紫の段階までには、危険な場所にいる人は全員避難をしましょう。まだ一番上のレベルではないから大丈夫だろうと思っていると、逃げ遅れてしまいます。特に山や川などの近くにお住まいの人や家族や友人がそうした場所で暮らす人は、キキクルの活用の仕方を確認しておいてください。

危険度分布（キキクル）で災害の危険度が一目でわかる

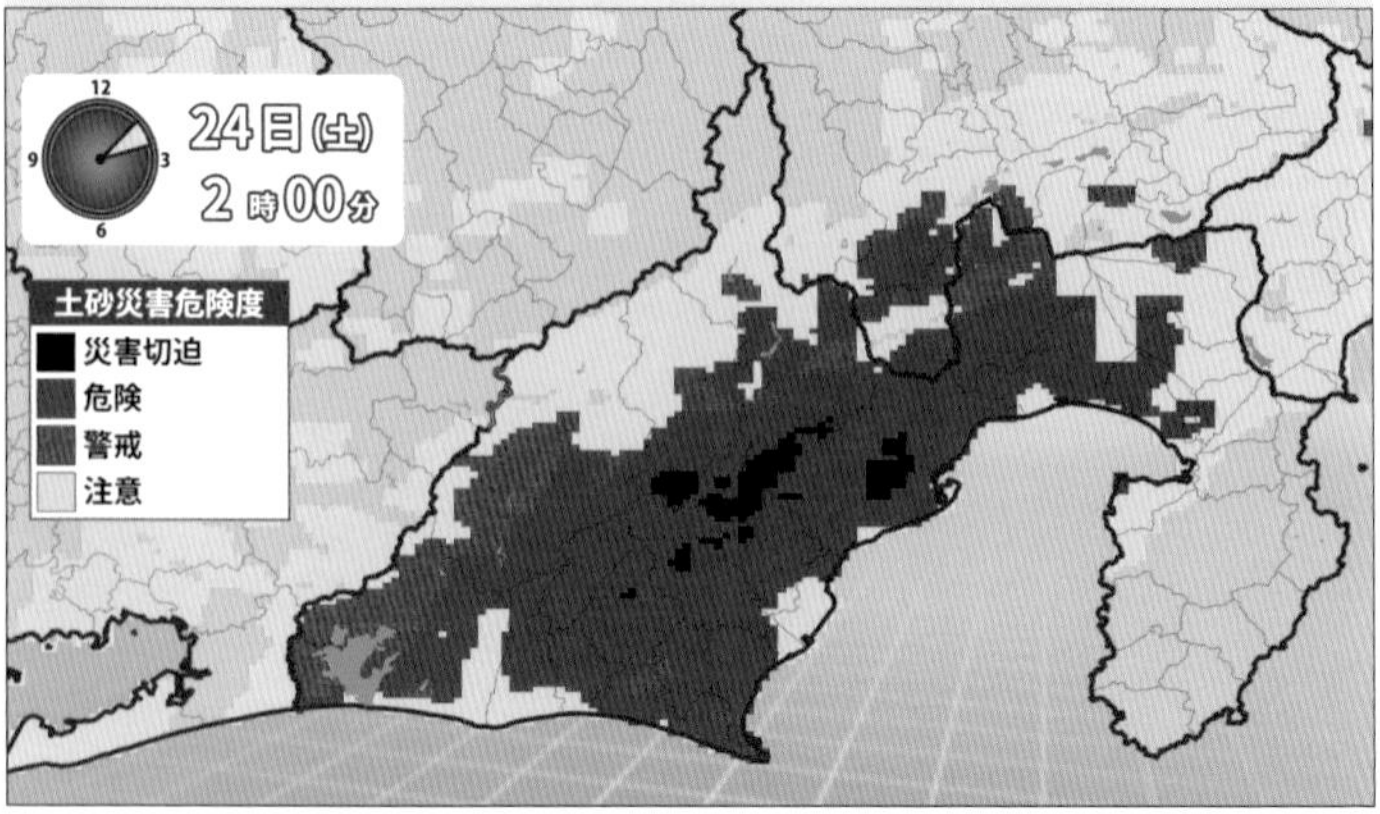

出典：ウェザーマップ

そして、たとえ川や崖などの様子が気になったとしても、絶対に直接見に行かないでください。様子を確認しようと出かけて命を落とした人が過去に何人もいます。川の様子は国土交通省の「川の防災情報」のライブカメラなどで見ることができます。安全な場所から情報を得るようにしましょう。

ハザードマップで地域の災害リスクの確認を

進学や就職などライフスタイルの変化で引っ越しをする機会が人生に訪れることがあります。これから住む場所を決めるため、学校や職場などからの距離、スーパーなど便利なお店が近くにあるかどうか、街の風景や治安など様々な要素について考えると思いますが、その地域の災害リスクを知っておくことも忘れないでほしいです。大きな川の氾濫や土砂災害などが発生すると、何日も避難生活を送ることになったり、時に命が奪われることもあったりするかもしれません。

その場所の「地名」に注目をすれば、ある程度、災害のリスクを知ることができるという話を聞いたことはありませんか？　昔から地名はその土地で過去に起きた災害と関連性が高いと言い伝えられてきました。たとえば、イケやクボなど水に関連したことばが地名に含まれる場合、かつて湿地や川が流れていた場所だった可能性があります。このため、大雨の時には水がたまりやすく、地震の際に揺れや液状化の被害を受けやすいリスクがあると考えられます。では、水に関連した地名でなければ安全だと考えて大丈夫なのでしょうか？　結論からいうと、地名だけで水害のリスクを判断することはできません。なぜなら、現在は市町村の合併や土地の区画整理などにより新しい地名となり、土地の特徴とは関係のない名前に変わっていることがあるからです。

また、地名は同じ読みの漢字に変わる場合もあります。先ほど挙げた水がたまりやすい場所を示す「クボ」は「窪」のほか、「久保」と表現されることもあります。さらに、地球温暖化の進む現代は、これまでに経験したことのない大雨が発生することも増えています。以前は大雨になっても大丈夫だった場所でも、想定を上回る雨の降り方をすれば、安全とは言い切れません。今や100パーセント安全だと言える地名はないのです。

では、地域の災害リスクを確認したい時、どんな情報を頼りにすればいいのかというと、「**ハザ**

ードマップ」を活用することをおすすめします。**「ハザードマップ」は、土砂災害や洪水害などの災害が発生するリスクをひと目で知ることができる地図**です。見たことがないという人は一度、確認してみてください。

東京都江戸川区のハザードマップは、思い切った強い表現で災害時の危険を呼びかけています。経験したことがないような大雨になった時は区のほとんどの地域が水没するため「ここ（江戸川区）にいてはダメです」とはっきり書いているのです。江戸川区は荒川や江戸川などの大河川の最下流に位置します。群馬や栃木、埼玉などで大雨になると、大量の雨水がこれらの川に流れ込み、やがて江戸川区に集まってしまうのです。しかも、江戸川区は陸地の約７割が「ゼロメートル地帯」に当たり、満潮時には海面よりも低くなってしまいます。歴史をさかのぼると、浸水の被害が半月以上続いたこともあったそうです。ハザードマップを確認することで、自宅や職場などがどの程度の深さが水に浸かるのか、どの

インパクトのある表現で区外への避難を呼びかけている

出典：江戸川区水害ハザードマップ表紙（江戸川画像文庫）を一部加工

くらい浸水が続くのかという時間も調べられます。東京都では江戸川区だけでなく周辺の江東区や墨田区なども浸水のリスクが非常に高いです。どうか他人事だとは思わずに一度調べてみてください。

ハザードマップは自治体から冊子で配られることもありますが、国土交通省の「重ねるハザードマップ」を使えば、インターネット上で簡単に災害リスクを調べられます。住所を入力すると、周辺でどんな災害の起きる危険度が高いのか確認できます。特に、近くで川が流れていたり、崖や山がそばにあったりする地域の人は、自分自身でいざという時の避難ルートを調べておきましょう。ハザードマップの確認というと難しいことのように聞こえるかもしれませんが、スマホでも簡単に見られます。インターネットの操作が苦手な人が家族や知人にいる場合は、周りの人が調べて伝えてあげてください。

また、一度確認したら安心せず、定期的に見直しをすることも重要です。想定していた避難ルートが通れなくなっている可能性があるなど、周りの環境に変化があるかもしれません。日頃から、最新の情報を得るようにしましょう。

「マイ・タイムライン」で災害を「自分ごと」に

災害は忘れた頃にやってくる。いつの時代も言い伝えられてきたことです。災害が起きる度に、いかに事前の対策が重要か思い知らされます。地震や火山の噴火は事前の予測が難しいですが、気象災害は予報技術の発達により、多くの場合、数日前から予想できます。いざという時のために避難のシミュレーションをしておけば、自分や大切な人の命を守れる確率は上がります。シミュレーションを行う時には「**マイ・タイムライン**」を作成してみてください。

「**マイ・タイムライン**」**は災害が差し迫った時に**「**いつ**」「**どのような行動を取るべきか**」**を一人一人が時系列に沿ってまとめるオリジナルの防災計画**です。一口に避難といっても、家族構成や住んでいる場所によって、必要な時間や方法は変わります。小さな子どもやお年寄り、ペットがいる家では、早めに避難をする必要があるでしょう。川や山が近くにない場所では、避難場所へ向かうより高層マンションやビルの上へ逃げるほうが安全な場合もあります。それぞれのライフスタイルに合った避難計画を作るため、ハザードマップを使って自分の住む場所の災害リスクを確認したら、次に、そうした災害が発生しそうな時は、気象庁や自治体などからどのような情報が発信されるのか調べてみてください。そして、インターネットやスマホのアプリなどから事前に情報を受け取れるように設定しておきましょう。この時、どの情報が出されるタイミングで、どんな行動を取るかを考えるのがマイ・タイムライン作りの要です。「台風の予報が出て自分の住む地域に近付くようであれば、インターネットでこまめに川の水位を確認する」、「大雨警報が発表されたら山の近くに住むおばあちゃんに安全なところで過ごせているか連絡をする」など具体的に行動の流れをイメージしてみてください。

防災散歩でいざというときの避難ルートを考えておこう

避難所が
公園の場合は
チェック
がけ付近の
ルートは
通らない
河川に
かかった橋は
通らない

　また、家族で近所を散歩する時に災害リスクや避難経路について話し合ったり、夏休みの自由研究として親子で一緒にマイ・タイムラインを作ったりするのもおすすめです。自分たち自身で気付き、考えて行動できるように準備する。命を守るためには災害を「自分ごと」として考え備えることが最も重要です。

第4章　自由研究をやってみよう！

【身の回りの危ない場所について知ろう】

参考
・本書123～129ページ
・各自治体のハザードマップ
・国土交通省「重ねるハザードマップ」（ハザードマップポータルサイト）
https://disaportal.gsi.go.jp/index.html

☑

家や学校の近くにはどんな危険があるかな？
もしもの時に「避難する場所」と「避難する場所までの行き方」を決めよう！

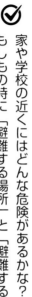

✓ ハザードマップを見てみよう！　難しい場合は保護者の人と一緒に見てね！
気付いたことはあるかな？

✓ 災害が起きた時、一人になってしまったらどうする？
家族で話し合ってルールを決めておこう！

第5章

いざという時に生き抜くためのレシピ

まさかの災害発生　私たちが生き抜くために必要な食の備え

最近は地球温暖化などが原因で、経験したことのない大雨が増加し、毎年のように大きな河川の氾濫《はんらん》や大規模な土砂災害が発生しています。気象災害だけでなく、首都圏や南海トラフ沿いなどで今後数十年間のうちに巨大地震の発生する確率も高いといわれています。たとえ災害が起きたとしても助かるのではないか、もしくは災害はきっと発生しないだろうと思う人もいるかもしれません。災害を経験する前は誰もが「まさか自分がそんな目に遭うはずはない」と考えるものです。しかし、日本ではどこに暮らしていても、誰もが災害とは無縁で過ごすことはできず、避難生活を送ることになる可能性があるのです。（この本を書いている2024年の元日に能登半島で大きな地震がありました。お正月に地震が発生するなど誰が想像できたでしょうか）**災害から命を守り生き残ることが最も重要ですが、被災した後に生きていくための術も考えておかないといけません。**

国立研究開発法人防災科学技術研究所の研究結果に基づき算出される「地震10秒診断」では、あなたの住む地域で30年以内に大きな地震が発生すると、電気やガスなどのライフラインが復旧するまでにどれくらいの日数がかかるのかを10秒で知ることができます。たとえば、東京都庁の住所を入力すると、ここで30年以内に震度６強の地震が発生した場合、停電が４日続き、ガスは21日、水道は32日もの期間、復旧までにかかるという結果が出ました。大きな地震が発生したら私たちの想像以上に長い期間、ライフラインが止まることになるかもしれません。おにぎりなどの救援物資も現地に届くまでに、一体何日かかるかわかりません。

また、第４章でも紹介した東京都江戸川区のハザードマップによると、江戸川区では未曾有《みぞう》の巨大台風や大雨により浸水した場合、水が引くまでに長いところでは２週間以上も水道や電気、ガスが使えず、備えがなければのどが渇いても水は飲めない、お腹が空いても食べ物を買いに行けない、パンなどの救援物資も届かないという事態に陥るかもしれないのです。

まさかの事態に備え、**自分たち自身で、被災した時に安心して食べられる食事を用意しておくことが、明日を生き抜くために必要です。**被災時は乾パンやお湯を注ぐだけで食べられるインスタント食品でしのぐというイメージがあると思いますが、毎日それだけではいつまで続くかわからない避難生活を乗り切るのは難しい人がほとんどだと思います。災害時だからこそ、栄養バランスがとれた、普段から自分の食べ慣れている食事をすることで、気持ちが休まり未来への活力につながるのではないでしょうか。

いざという時のために　メリットだらけの「ローリングストック」をやってみよう

大きな災害が発生すると、鉄道や道路などの物流は一斉に遮断されます。災害直後は、当然のことながら人命救助が第一となるため、被災地に水やおにぎり、パンなどの救援物資が届くまで数日以上、いえ数週間以上かかることがあるかもしれません。スーパーやコンビニでも、いつものように食品が並ばないかもしれません。そうなると、普段は食べるもの、飲むものに不自由はなくても食料が不足してしまいます。また、水道やガスが止まってしまうと避難所での炊き出しもできません。**被災した時に備えて必要な食べ物を用意しておくことは、気候変動による食料危機よりも、もっと緊急性が高いといえるのかもしれません。**これから紹介する「**ローリングストック**」という方法を取り入れたり、日常的に使える食べ物を備蓄品として活用したりするのもおすすめです。災害から命を守り生き抜くための食の備えを一緒に進めていきましょう。

「ローリングストック」とは、レトルト食品や缶詰めなどの長期間保存できる食品をいつもより少し多めに買っておき、賞味期限の近いものから使うことで普段の食事に取り入れ、なくなった分だけ新たに買い足す。こうしたサイクルを繰り返して備蓄する方法です。

「防災のために備蓄品を買うぞ…！」と意気込むと何か大変なことに挑むような感じになりますが、普段の買い物のついでに缶詰めを１つ追加で買っておこうという感覚でオッケーです。スーパーなどで定期的に買い物をする習慣がないという人は「ふるさと納税」を活用して備蓄するのもおすすめです。私もふるさと納税でパックごはんやレトルト食品を注文しています。

ローリングストックで備蓄を始めよう

「ローリングストック」とは？
備える
食べる・飲む
買い足す
普段から非常食を食べることで
賞味期限切れを防ぐ
玉子がゆ

★つい、うっかり…賞味期限切れを防ごう

ローリングストックの一番のメリットは、**うっかり備蓄品の賞味期限が切れるのを防げること**です。数年先まで保存できる缶詰めなどを災害が起こらなかったので使わないまま放置しておいたら、いつの間にか賞味期限が切れてしまっていた、なんてことはないでしょうか。これでは非常時に食べることができないですし、もったいないことに食べ物を廃棄してしまうことになります。ローリングストックで非常食を日常的に使えば、こうしたことを防げます。

★家族によって異なる必要な備え　オリジナルな備蓄ストックを

普段から非常食を食べることで家族の好みを知ることができます。被災時も自分たちの食べ慣れた好きな味のものを食べられるとほっと安心しますよね。**特に赤ちゃんやお年寄り、食物アレルギーのある人のいる家庭ではそれぞれ必要な食品が違います。**粉ミルクや離乳食、飲み込みやすいレトルトのおかゆ、食物アレルギーを引き起こす原材料が入っていない食べ物などは避難所では準備されていない可能性もあり、自分たち自身で備えておくべきです。農林水産省の「要配慮者のための災害時に備えた食品ストックガイド」(https://www.maff.go.jp/j/zyukyu/foodstock/guidebook.html) も参考にしてみてください。家庭によって、それぞれ必要な備蓄品の種類は違うはずです。「もし今、災害が起きたら…」と具体的にイメージしてみてください。食べ物のほかにも、健康を維持するために必要なサプリメントや薬なども備えるべきかもしれません。ペットがいる場合は、ペットのための食べ物も必要です。ぜひ一度、我が家の備蓄ストックについて考えてみましょう。

★時短料理や新しい食との出会いにも

手間をかけずに食べられる非常食は、忙しい毎日の救世主としても活躍してくれます。サバやサンマなどの缶詰めを利用すればタンパク質をしっかりとれます。レトルトカレーとパックのごはんを電子レンジで温めれば、たった数分でおいしいカレーライスが食べられます。ほかにも保存用パウチに入った肉じゃがやおでんなどの煮物もあり、夕飯のあと一品にぴったりです。

また、最近はスーパーでも非常食の種類がどんどん増えています。温めずに食べられるレトルトカレーやチョコレートケーキなどのスイーツの入った缶詰めも登場しています。新しい食べ物との出会いはワクワクしますし、今度はどれにチャレンジしてみようかと家族で話し合いながら選ぶのも楽しいですよ。

非常食などの備蓄品を使ってオリジナルのアイディアレシピを作ってみるのもおすすめです。（缶詰めなどを使った防災レシピは155〜168ページで紹介しています）防災のために食べ物を備えようと考えると、実際に行動へ移すまでのハードルが高くなってしまいますが、はじめて食べる缶詰めにチャレンジしたり、忙しい時や疲れた時に少し手を抜いて料理をしたりするために備えようと考えてみてください。ポイントは難しく考えずに、楽しみながらやってみることです。

非常食をそろえる時の注意点とは？
備蓄の定番　レトルトカレーや乾パンの落とし穴

災害時も普段の生活でも役立つローリングストックですが、備える食べ物を選ぶ時には注意点があります。まず、被災時はガスや水道、電気などが貴重なため、なるべく少ない時間で調理できるものや常温でも食べられるものがおすすめです。

見落としやすい点は、栄養バランスがとれているかどうかです。備蓄品といえば、すぐに思い浮かぶのがカレーなどのレトルト食品やカップ麺ではないでしょうか。日常生活でも大変役立つため、私もいつもお気に入りのレトルトカレーをキッチンにストックしています。ですが、こうした食品だけを備えるのは避けたほうがいいでしょう。レトルト食品やカップ麺は味付けが濃いため塩分濃度が高く、動物性油脂が多く含まれるため食べ続けると胃もたれや胸焼けを起こす場合があります。栄養バランスが偏ってしまうと、口内炎や便秘につながることもあり得ます。重病ではないにせよ、ただでさえ大変な災害時に身体に不調をきたすことはなるべく防ぎたいですよね。

緊急時だから食べられれば何でもいい。食べるものがあるだけで十分だろう。そんな意見もあるかもしれません。ですが、避難生活は一体何日続くことになるのか誰にもわからないものです。慣れない生活で思い通りにいかず、イライラしたり不安でいっぱいになったりすることもあると思います。そんな時なるべくストレスを増やさないように、心身ともに少しでもおだやかで健康を保つためには、できる限り栄養バランスのとれた食事をすることは大切です。タンパク質やビタミン、ミネラルなど健康を維持するために必須の栄養素が含まれる食品も備蓄品としてそろえるようにしましょう。

カップ麺やレトルト食品と並んで、備蓄品として昔から人気が高いのが乾パンです。缶詰めに保存された乾パンは長年備蓄品の定番として知られていますが、実際に食べてみたという経験はありますか？乾パンはパサパサと乾燥しているため、一緒に水などの水分をとりながらでないと食べづらいです。けれど、災害時は飲み水もとても貴重です。あらかじめ水を十分に備えておくことは大事ですが、乾パンと一緒に一度の食事でたくさん飲んでしまってはいくら備えておいても足りなくなるでしょう。一度に大量の水を飲むことでトイレに行く回数も増えると、さらに水の無駄遣いとなります。（トイレを無理に我慢することは体調の悪化につながるため禁物です）乾パンもレトルト食品も長期間保存できるため備蓄にぴったりですが、それだけに頼るのはやめましょう。

日本伝統の食材　高野豆腐や梅干しは備蓄品として大活躍

では、定番のレトルト食品やカップ麺のほかに、どんなものを備蓄すればいいのでしょうか。ここからは備蓄品としておすすめしたい、ちょっと意外な食品を紹介します。

まずは、日本で古くから食べられてきた伝統的な食材です。高野豆腐や切り干し大根は長期間の保存に向いていて、栄養バランスも優れています。乾燥した状態で売られているものは、お湯や水で戻すだけですぐに食べられます。ローリングストックとして日常的に使う場合、そのまま食べるだけでは味気ないという人は１６０〜１６３ページのレシピも参考にしてみてください。乾燥わかめやのり、ゴマ、味噌なども栄養価が高く、ごはんなどに少し加えれば、味の変化を楽しむアクセントになります。

また、梅干しも立派な備蓄品として認知されてきています。保存性の高さと優れた栄養価から実際に「備蓄品専用」として売り出されている梅干しもあるほどです。そして、梅干しは暑い夏に被災した時の熱中症対策として役立つことも見逃せません。汗をかくと身体から塩分が失われるため、熱中症を予防するためには水分だけでなく、塩分などのミネラルも一緒に摂取する必要があります。梅にはカルシウムやマグネシウム、亜鉛も多く含まれており、日光で干して梅干しにすることで、さらに栄養価は高まります。食べやすい個包装タイプのものなら、周りの人と分けやすいですね。梅のすっぱさが苦手な人は、はちみつの入った甘めのものなら食べやすいでしょう。また、熱い緑茶に一粒加えて飲むのもおすすめです。緑茶に含まれるカテキンの殺菌効果もあるため、栄養補給と感染症の予防の両方に効果的です。

私たち日本人が慣れ親しんだ味は、非常時に疲れ果てた心の支えにもなると思います。高野豆腐や梅干しのように、みなさんが日常的に食べている食べ物の中に思いがけなく備蓄に適したものがあるかもしれません。

フリーズドライ食品や野菜ジュースでビタミン不足を解消

きょうの夕飯にあともう一品あればいいのに…。そんな時に役立つのがお湯を注ぐだけで食べられるフリーズドライの食品です。熱々のみそ汁やスープを手間をかけずに飲めるのは、とても助かりますよね。フリーズドライは食品を凍結し乾燥させて作るため、水分量が少なく、酵素や微生物の作用をおさえられます。添加物を使わずに長期保存できる点も安心できます。私はフリーズドライの野菜は非常食として、少し多めに保存しておくようにしています。生の野菜は長期間の保存が難しいですが、フリーズドライなら問題なく備蓄できます。普段から野菜不足を解消するためにも使え、パスタやスープなどに入れるだけで、野菜のうまみが加わって料理がぐっとおいしくなります。このほか、冷凍野菜なども非常時に手軽に栄養バランスのとれた食事を作るのに役立ちますので、ぜひストックしておきましょう。

野菜は１日３５０ｇ以上を目安に食べることが推奨されていますが、野菜をとらなくなるとビタミン不足で口内炎や便秘になりやすくなります。非常時のビタミン不足を補うために、フリーズドライのほか、野菜ジュースやフルーツの缶詰めを備えるのもおすすめです。食品メーカーの中には、野菜ジュースの詰め合わせを非常時に活用してもらいたいとお中元やお歳暮などの贈答用としてそろえているところもあります。「ことしは何を贈ろうかな」と迷ったら、命を守るための贈り物をするのもいいですね。

健康・美容に大人気のプロテインは優れた備蓄品

最近、性別や年代を問わず人気が高いプロテインも非常時に活躍します。プロテインは手軽にタンパク質をとれるため、スポーツや筋トレをする人だけでなく、健康や美容のために日常的に飲むという人も増えています。私もハードな運動をしているわけではありませんが、毎日、栄養を補うために大豆由来のプロテインを飲んでいます。プロテインは栄養バランスに優れ、長期間の保存ができるという点で、災害時の健康管理にもぴったりです。プロテインといえば、その名の通りタンパク質が豊富ですが、ビタミンやミネラルも多く含まれています。ローリングストックの一貫として日常的に飲めば、普段の身体作りにも役立ち一石二鳥です。さらに、粉タイプのプロテインなら、それほど備蓄のためのスペースも取りません。（ただし、溶かすための水の備蓄は忘れずにしておきましょう）プロテインバーならお菓子のような感覚で食べやすいですね。プロテインのほかにも、食欲がわかない時でも食べやすいゼリー飲料やバランス栄養食もおすすめです。最近は大人用の粉ミルクやロングライフミルクも登場しています。ぜひ新たな備蓄品として備えてみてください。

タンパク質のほかに、丈夫な骨を作るために必要なカルシウムはどんな時も十分にとりたい栄養素ですよね。牛乳などの乳製品は長期保存が難しいですが、乾燥させたチーズや粉ミルク、煮干しや赤ちゃん用のビスケットなどで栄養を補うのも一つの方法です。ヨーグルトキャンディなども保存ができ、乳酸菌が含まれているためお腹の調子を整えるのによさそうです。災害時には仕事や学校に行かなくなり普段に比べて運動量が減ったり、トイレの回数が減ったりすることで便秘になりやすいといわれています。便秘はほかの身体の不調も引き起こす可能性があるため、腸の健康を保つことはとても大事です。自分や家族の健康を維持するために、どんなものがあれば役立つかイメージしながら買い物をすることは、防災のための第一歩になります。長期間の保存ができ、栄養バランスが優れている食品はほかにもたくさんあるかもしれません。ぜひゲーム感覚で、楽しみながら探してみてくださいね。

スイーツも備蓄に必須⁉　甘いものは被災時の心の癒しに

甘いものなど大好きなお菓子も、ぜひ備蓄品に加えてください。災害時に疲れた心や身体を癒してくれるはずです。チョコレートやキャンディ、クッキーなど普段から食べ慣れているスイーツはきっと気持ちを落ち着かせてくれることでしょう。糖分をとると、脳内の神経伝達物質である「セロトニン」が増加します。セロトニンには、脳をリラックスさせる働きがあるといわれています。私も甘いものが大好きなので、いつも食べているほんのり苦味のあるチョコレートを備蓄しています。（ローリングストックだからといって、つい食べすぎてしまうこともありますが…）最近は羊かんなどの和菓子も備蓄用として売り出されていますし、缶詰めに入ったチョコレートケーキやチーズケーキも登場しています。こうした備蓄品としてのスイーツは防災用とは思えないほどのおいしさです。だまされたと思って、一度食べてみてください。

チョコレートなどお菓子が苦手な人におすすめなのは、ドライフルーツです。ドライフルーツには、ビタミンやミネラル、食物繊維が多く含まれています。災害時には生の野菜や果物を食べることが難しくなりますが、ドライフルーツなら長期間保存できるため、栄養不足を解消するための代替品となります。特に優れものなのはドライアプリコットです。ドライアプリコットには１００ｇあたりで、１３００ｍｇものカリウムが含まれています。これは、バナナの約３・６倍です。カリウムは身体に取りすぎた塩分を排出する助けをしてくれます。レトルト食品など味付けの濃いものに偏りがちな時にはもってこいです。ドライアプリコットのほかにも、イチジクやプルーンにもビタミンやミネラルが豊富に含まれていて、食物繊維も多いため便秘の解消にも効果的です。ドライフルーツはよく噛んで食べる必要があるので満腹感も得やすいです。食べる習慣がないという人もローリングストックのために挑戦してみるのはいかがでしょうか。そのまま食べるのもおいしいですが、ヨーグルトやアイスクリームに混ぜると、いつもとは少し違った味や食感を楽しめます。ただし、フルーツの種類によっては、水分量が多いものもあり、賞味期限が数か月後など比較的短い場合もあるので、よく確認しておきましょう。甘いもの以外にも、くるみやアーモンドなどのナッツ類もビタミンやミネラルが豊富なため、普段から食べるという人はいつも食べる分より少し多めに買って、ストックしておくといいですね。

また、私は普段からコーヒーを好んで飲んでいますが、コーヒーがあると、心がほっと安らぐため備蓄用としても多めに用意しています。ほかにも、リフレッシュしたい時によく噛むガムも備えています。ガムは歯磨きができない場合にも役立つのではないかと思います。みなさんにとって、あれば気持ちが落ち着くものは何でしょうか？ぜひ想像してみてください。

慌てて捨てないで！　災害時に役立つミネラルウォーターの備え

私たちの身体の半分以上は水でできています。これまで食べ物の備蓄についてお話してきましたが、水は生命の維持に欠かせないものです。人が生きていくために必要な水の量は、1日約3リットルといわれていて、国は最低でも3日分、できれば1週間分の飲料水を備えておくことを推奨しています。家族の人数分、飲み水や生活用水としてどれくらいの水が必要になるのか計算して、備えておきましょう。

日常的にミネラルウォーターをローリングストックしているという人も多いと思いますが、賞味期限に注目したことはあるでしょうか？しばらく使っておらず期限が切れていたとしても、慌てて捨てないでください。実は、ペットボトル容器のミネラルウォーターの賞味期限は、水が飲めなくなる期限ではないのです。国産のミネラルウォーターの多くは、製造過程で加熱殺菌されているため、基本的には品質が劣化しにくいです。

ただ、ペットボトル容器は、ごくわずかですが気体を通す性質があるため、長期間保存すると徐々に中身の水が蒸発して減ってしまいます。実際に中に入っている量と容器に表示されている量が許容される誤差の範囲を超えると、計量法違反になり販売できなくなります。このため、ペットボトルのミネラルウォーターには「おいしく飲める期限」ではなく、「中身の容量を守ることのできる期限」として賞味期限を記載しているのです。期限が切れていても、すぐに品質が落ちるわけではないので、中を確認してみて大丈夫であれば飲めることが多いです。ただし、直射日光や高温多湿の場所は避けるなど適切な場所で保管するようにしましょう。もし期限切れが気になる場合も、すぐに処分せず、生活用水として大切に使ってください。

災害時に断水になった場合は、給水車や給水地点から水を確保することができる場合もありますが、水の重さはあなどれません。給水する場所から自宅まで水を運ぶのは、健康な若い人でも一苦労です。もしもの時に備えて、重い水を運ぶための台車などがあると便利ですが、お風呂の水をためる習慣を付けることも一つの手段として覚えておいてください。飲み水として使うことは難しいですが、手や顔、身体を洗ったり、トイレの際に使ったりすることはできるため、いざという時に大変役立ちます。

水を極力使わないために、食事の時は紙皿や紙コップを使う、皿の上にラップをしいて汚さないことも小さなことですが、貴重な水を節約するために大切な工夫です。アルミホイルやクッキングシートなど便利なグッズもそろえておくと安心ですね。

また、意外にも忘れがちなのが、ガスが使えなくなるかもしれないということです。ガスが使えないと、お湯を沸かしたり、加熱して調理をしたりすることができなくなります。カセットコンロやガスボンベも備えておくようにしましょう。

地球温暖化や防災を学ぶ「おいしいエコ教室」に参加してみて

「地球温暖化について学ぼう」「きちんと対策を考えよう」と聞くと何だか難しく感じてしまいますが、みんなで一緒においしいものを食べながら学べるとなれば、少しは興味がわいてくるかもしれませんよね。そんな期待を込めて、子ども達と一緒に気候変動や防災について楽しみながら知るためのイベント「おいしいエコ教室」を開催しています。

子ども達が熱心に取り組んでくれるのが「防災サンドウィッチ作り」です。長期保存できるパンに、どんなものをはさめばおいしく食べられるのか、自分たちでレシピを考えてもらい、実際に作って食べてもらいます。パンにはさむものは、缶詰めなどの非常食です。焼き鳥やツナ、フルーツなどの缶詰めに、温めずに食べられるレトルトカレーといった定番の非常食だけでなく、みそや梅干しなどの変わり種もあります。子どもたちからは「意外とおいしい」「ちょっとまずいかも…」など様々な感想がありますが、災害に備えて、どんなものをどれくらい用意すればいいか、考えるきっかけとなればうれしいです。

また、サンドウィッチ作りと一緒に「お天気キャスター体験」にも取り組んでもらっています。テレビで天気予報を伝える気象予報士と同じように、暮らしに役立つコメントも自分で考えて付け加えてもらいます。中には気象予報士顔負けの堂々とした伝え方をしてくれる子もいます。こうした経験を通して、天気予報を確認して災害から命を守る習慣を身に付けてもらえるといいなと願っています。

「おいしいエコ教室」楽しみながら防災について考える第一歩を

防災レシピに挑戦　夏休みの自由研究にもおすすめ

私は「備蓄防災食調理アドバイザー」として、備蓄品や非常食を活用したレシピを開発しています。缶詰めやフリーズドライなどの備蓄品を活用し、ひと手間加えるだけで簡単に完成する料理をご紹介します。難しい調理工程はなく、火を使わないレシピもあります。夏休みなどの自由研究として、親子で挑戦してみてくださいね。

★備蓄品を活用した防災レシピ①「超簡単！10分でできる本格焼きカレー」★

備蓄品の定番、レトルトカレーとパックご飯を使って、たった10分でできるボリューム満点のレシピです。長期保存できるマッシュルームやグリーンピースの缶詰めは、備えておけばパスタやピラフ、スープなどにすぐ加えられるので、私も重宝しています。

【材料（1人分）】

●パックごはん　1パック
●レトルトカレー　1袋
●マッシュルーム（缶詰め）　15g
●グリーンピース（缶詰め）　10g
●ピザ用チーズ　30g
●卵黄　1個
●パン粉　小さじ2

【作り方】

① パックごはんをパッケージの表示時間通りに電子レンジなどで温める。グラタン皿に盛り付けて、中央にくぼみを作っておく。
② ①に冷たいままのレトルトカレーをかける。
③ ②にマッシュルーム、グリーンピースを乗せる。中央のくぼみに卵黄を落とす。
④ ③にピザ用チーズとパン粉も乗せる。（この時、マッシュルームやグリーンピースを上から

さらに加えると、焼き上がりの見た目が良くなる）

⑤トースターで加熱して焼き上げる。（２２０度のトースターで約５分）

【ポイント】

◆トースターのほかオーブンで加熱して焼き上げても美味しく仕上がります。

※焼き時間は目安なので、調節しながら試してください。

★備蓄品を活用した防災レシピ② 「備蓄用ビスケットで親子で一緒に♪ 簡単ティラミス」★

自宅に賞味期限が間近に迫っている「備蓄用ビスケット」はありませんか?そのまま食べてもおいしいですが、ひと手間加えるとおしゃれなデザートを作れちゃいます。火を使わずにできるため、親子で一緒に安全におしゃれなデザート作りを楽しめます。

ドライフルーツは長期保存できるだけでなく、被災した時に不足しがちなビタミンや食物繊維などの栄養素を補うのに便利です。少々お値段は張るものが多いですが、噛み応えがあり満腹感も得られるため、備えがあれば安心ですよ。

【材料(2人分)】

- ●備蓄用ビスケット　約80g
- ●マスカルポーネチーズ　100g
- ●生クリーム　100ml
- ●ドライフルーツ　適量

●ミント（お好みで）　適量
●ココアパウダー　大さじ1
●砂糖　大さじ2

A
●インスタントコーヒー　大さじ1〜2
●砂糖　小さじ2
●お湯　100㎖

【作り方】
①小さなボウルなどにAを混ぜ合わせて、シロップを作る。
②備蓄用ビスケットをバットに並べて、①のシロップをかけて湿らせておく。
③ボウルに生クリームと砂糖を入れて、よくかき混ぜる。マスカルポーネチーズを少しずつ加えて、全体に重みが出るまで混ぜ合わせる。
④器に②と③を交互に重ね入れる。隙間にドライフルーツも加える。

⑤④にラップをかけて、冷蔵庫で約30分冷やす。
⑥⑤にココアパウダーを振りかける。
⑦最後に、ドライフルーツやミントを飾って完成。

【ポイント】
◆備蓄用ビスケットは乾パンでも代用できます。乾パンはビスケットよりも固いため、コーヒーシロップの量を増やし、冷蔵庫で冷やす時間も長めにしてください。
◆ドライフルーツはアプリコットやベリー系がおすすめです。

★備蓄品を活用した防災レシピ③「意外な備蓄品!? 高野豆腐で作る八宝菜」★

高野豆腐は半年ほど先まで保存でき、和食だけでなく中華や洋食など様々な料理にアレンジして使えます。高野豆腐以外のうずらの卵やヤングコーン、干ししいたけも保存期間が長く、備蓄にもってこいの食材です。普段は豚肉を使って作ることが多い八宝菜ですが、お肉の代わりに高野豆腐でヘルシーに仕上げてみました。

【材料（2人分）】

- ●高野豆腐　30g
- ●白菜　１５０g
- ●にんじん　30g
- ●うずらの卵　５～６個
- ●ヤングコーン　50g
- ●冷凍シーフードミックス（えび、いかなど）　１５０g
- ●スライス干ししいたけ　５g
- ●糸唐辛子　少々
- ●ごま油　大さじ１
- ●水　１８０㎖

A

●オイスターソース　大さじ1
●しょう油　小さじ1
●酒　大さじ1
●鶏がらスープの素　小さじ1

B

●片栗粉　大さじ1
●水　大さじ2

【作り方】

下準備

・高野豆腐とスライス干ししいたけを袋の表示通りに戻した後、水気をしぼっておく。
・Bを混ぜ合わせて水溶き片栗粉を作っておく。

①高野豆腐を半分の厚さに切り、3～4㎝幅の大きさに切り分ける。

②にんじんを２㎝幅の短冊切りにする。
③白菜を一口大の食べやすい大きさに切る。
④フライパンにごま油を引いて、中火で高野豆腐をうっすらと焼き色が付くまで炒める。
⑤④ににんじん、白菜を加えて、約２分炒める。
⑥⑤にヤングコーン、スライス干ししいたけ、うずらの卵、冷凍シーフードミックス（えび、いかなど）を加えて約２分炒める。
⑦⑥に水とAを入れて、約５分煮る。火を止めて、水溶き片栗粉を加えてとろみをつける。
⑧器に盛って、糸唐辛子を添えて完成。

【ポイント】
◆干ししいたけは冷水でゆっくり戻すのが基本ですが、時間がない時は耐熱容器に水と一緒に入れ、ラップをかけて電子レンジで２～３分温めて戻しましょう。
◆ヤングコーンは大きい場合、食べやすい大きさに切ってください。

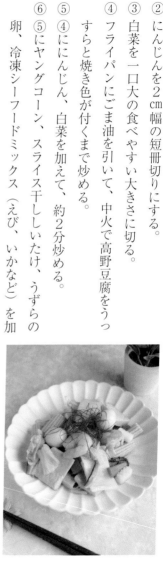

★備蓄品を活用した防災レシピ④「サバ缶で作る　ボリューム満点クリームパスタ」★

缶詰めといえば、真っ先に思い浮かぶのがサバ缶ではないでしょうか。不足しがちなタンパク質を手軽にとれると、近年人気が高まっています。水煮や味噌煮のほか、カレー味などのフレーバーも登場しています。炊き込みご飯や炒め物の具材としても便利で、時短料理の材料としても大活躍します。和食のほかにも、パスタなど洋食にも使えますよ。

【材料（1人分）】

- ●パスタ　100g
- ●サバ味噌煮缶　1缶
- ●水菜　1／2株
- ●しめじ　1／3房
- ●バター　10g
- ●牛乳　200mℓ
- ●白ごま（お好みで）　少々

●顆粒コンソメ　小さじ２
●塩　少々
●こしょう　少々
●薄力粉　大さじ１

【作り方】

①水菜を３～４cm幅に切る。
②しめじの石づきを落とし、ほぐしておく。
③たっぷりの湯を沸かしてパスタをゆでる。ゆで上がったら、ざるにあげて水気を切っておく。
④フライパンにバターを熱し、水菜、しめじを中火でしんなりするまで炒める。
⑤④に薄力粉を加えて、手早く混ぜる。
⑥弱火にして、牛乳を少しずつ加える。顆粒コンソメ、塩、こしょうを加えて弱火で１分ほど加熱する。
⑦サバ缶の中身をほぐしながら加えて、軽く混ぜ合わせる。
⑧⑦とパスタをからめ合わせる。

⑨お好みで白ごまを振りかける。

【ポイント】

◆パスタではなく、うどんとからめるのもおすすめです。

◆水菜の代わりに、小松菜やほうれん草などの常備野菜とも相性抜群です。

★備蓄品を活用した防災レシピ⑤「加熱時間も調味料もカットできる！焼き鳥缶の筑前煮」★

最近は一風変わった缶詰めがたくさん登場していますよね。ホタテや牡蠣など、そのままおつまみやおかずの一品として成り立つようなものもあります。中でもストックしておきたいのが焼き鳥の缶詰めです。鶏肉は火が通るのに時間がかかりますが、缶詰めなら加熱しているため調理の手間を省けます。

【材料（2人分）】

●焼き鳥の缶詰め　１缶
●にんじん　約90ｇ
●れんこん　約60ｇ
●こんにゃく　１／２枚
●きぬさや　４本
●サラダ油　大さじ１

Ａ
●砂糖　小さじ２
●しょう油　大さじ１
●みりん　大さじ１
●水　１５０㎖

【作り方】

①にんじん、こんにゃくを一口大に乱切りにする。

②れんこんも皮をむいて、一口大に乱切りしておく。
③きぬさやは半分に斜め切りにする。気になる場合は筋を取る。
④にんじん、れんこんをボウルに入れラップをして、電子レンジで加熱する。（600wで約3分）
⑤フライパンにサラダ油を引き、こんにゃくと④を入れ、中火で炒める。
⑥全体に油がなじんだら、焼き鳥の缶詰めの中身とAを入れて煮立たせる。そのまま中火で5分煮込む。
⑦きぬさやを加え、1分加熱して完成。

【ポイント】
◆焼き鳥に味が付いているため、調味料は少なめで済みます。
◆焼き鳥の缶詰めは炊き込みご飯やピザの具材など使い方は無限にありそうです。

もしもに備えておこう！「非常用持ち出し袋」に入れるもの

□水　□チョコ、あめなど携帯できる食品　□防災用ヘルメット・防災ずきん
□衣類・下着　□レインウェア　□靴　□懐中電灯　□携帯ラジオ
□めがね・コンタクトレンズ　□予備電池・携帯充電器　□ばんそうこうなどの救急用品
□使い捨てカイロ　□軍手　□歯ブラシ・歯磨き粉・ガム　□タオル
□ペン・ノートなどの筆記用具　□マスク　□手指消毒用アルコール　□ウェットティッシュ
□現金などの貴重品　□常備薬・サプリメント　□携帯用トイレ

小さな子どもがいる家庭の備え

□ミルク　□おむつ　□使い捨て哺乳瓶　□おしりふき　□離乳食

女性の備え

□生理用品　□サニタリーショーツ　□防犯ブザー　□中身の見えないごみ袋

高齢者がいる家庭の備え

□大人用紙パンツ　□介護食　□入れ歯・洗浄剤　□持病の薬　□杖　□補聴器

もしもに備えておこう！ 自宅に備える備蓄品

食料や水（3日分～1週間分）×家族の人数分

□パックごはん　□缶詰め　□レトルト食品（温めなくても食べられるものも加える）

□インスタント食品（カップめんなど）　□乾めん（パスタなど）

□ドライフルーツ　□お菓子　□プロテインなど健康維持食品

生活用品など

□ティッシュ　□トイレットペーパー　□ゴミ袋　□ラップ　□新聞紙

□カセットコンロ　□ガスボンベ

第5章　自由研究をやってみよう！

【災害に備えて食べ物・飲み物を用意しておこう】

参考
・本書136～171ページ
・農林水産省「家庭備蓄ポータル」https://www.maff.go.jp/j/zyukyu/foodstock/

170～171ページのリストを見ながら、1週間の食べ物・飲み物を家族の人数分、用意してみよう！　やってみて、気付いたことはあるかな？

- 災害が起きた時、自分の気持ちがほっとする食べ物・飲み物は何だろう？
少し多めに買って、備えておこう！

- 備蓄品（災害に備えて準備する缶詰めなど）を使って、どんな料理ができるかな？
保護者の人と一緒に作ってみよう！
１５５～１６８ページを参考にしてオリジナルレシピを考えるのもおすすめ♪

料理を作ったら写真を撮って、感想も書いておこう！

オリジナルレシピ

材料（　　人分）

完成写真

作り方

感想

おわりに

私が気象予報士や防災士の資格を取得して、活動を始めてからことしで10年目になります。気象の仕事を始めてから、日々丁寧に空の変化を見つめるようになり、これまで以上に日本の四季の美しさ、自然の豊かさも実感できるようになりました。しかし、年々激しさを増す猛暑や豪雨などの災害を目の当たりにすることで、地球の未来は一体どうなってしまうのだろうかと強い不安を抱くようになりました。まだまだ半人前ですが、気象予報士として節目の年を迎えるに当たり、天気予報を伝えるだけでなく、未来を担う子どもたちに美しい地球を残すための活動をしていきたいという思いで、本書を執筆しました。

「地球温暖化を防ごう」「地球の環境を守ろう」こうしたことばを聞いても、どこか説教くさく、自分には関係のないことだと感じてしまうかもしれません。(私が地球温暖化についてはじめて知った小学生の頃、どこか遠い国で起きる話だと感じてしまったように…)

どうすれば地球の未来について、もっと身近に感じてもらえるだろうか。ふと自分自身の日常を見つめ直してみると、気候変動の影響をダイレクトに受けていたのが、食生活でした。暑さや大雨によって野菜の値は大きく動き、海も温かくなることで以前とは違った種類の魚が釣り上げられるなど、すでに気候の変化が私たちの食に確実に影響を及ぼしています。

「食べること」は誰もが日々、繰り返し行っているはずで、私たちの暮らしと切り離せません。地球温暖化によって私たちの食べ物がどう変化するのか知ることで、ほんの少しでも地球の未来について考えてもらえたらうれしい限りです。

また、本書の執筆と並行して「地球の未来を考えるためのおいしいエコ教室」と題して、非常食を使って気候変動や防災について楽しく学ぶことのできるイベントを開催しており、今後も活動を続けていきたいと考えています。

最後に、日本橋出版の皆様には長期間に渡り、本書の企画を支えていただき誠にありがとうございました。何度も書き直しをさせていただけたことで、伝えたいメッセージをしっかりと届けられる一冊を完成させることができました。また、本書の作成にご協力いただいた企業の皆様、いつも的確にアドバイスをくれる先輩気象予報士の森朗さん、原田雅成さん、山田真実さん、長谷部愛さんをはじめとしたウェザーマップの皆様には心より感謝申し上げます。

本書を通じて、たくさんの地球の未来を考えるレシピが生まれることを願っています。

【参考文献】

- 『気候危機がサクッとわかる本』ウェザーマップ（東京書籍出版）
- 『地球温暖化と日本の農業‐気温上昇によって私たちの食べ物が変わる!? 気象ブックス046』国立研究開発法人 農業・食品産業技術総合研究機構（成山堂書店）
- 『最近、地球が暑くてクマってます。シロクマが教えてくれた温暖化時代を幸せに生き抜く方法』水野敬也・長沼直樹・江守正多（文響社）
- 『ちくまQブックス SDGs時代の食べ方 世界が飢えるのはなぜ?』井出留美（筑摩書房）
- 『気候変動から世界をまもる30の方法 わたしたちのクライメート・ジャスティス』国際環境NGO FoE Japan（合同出版）
- 『今日から始める本気の食料備蓄 家族と自分が生き延びるための防災備蓄メソッド』高荷智也（徳間書店）
- 『フード・マイレージ 新版 あなたの食が地球を変える』中田哲也（日本評論社）
- 『MAGAZINE HOUSE MOOK ananSPECIAL 新装版 女性のための防災BOOK〝もしも〟のときに、あなたを守ってくれる知恵とモノ』（マガジンハウス）

・『地球に住めなくなる日「気候崩壊」の避けられない真実』デイビッド・ウォレス・ウェルズ（ＮＨＫ出版）
・『ウシのげっぷを退治しろ 地球温暖化ストップ大作戦』大谷智通・小林泰男（旬報社）
・『地球が燃えている―気候崩壊から人類を救うグリーン・ニューディールの提言』ナオミ・クライン（大月書店）
・『グレタ・トゥーンベリ』ヴィヴィアナ・マッツァ（金の星社）
・『防災共育管理士 2級 備蓄防災食調理アドバイザー』一般社団法人日本防災共育協会
・『温暖化で日本の海に何が起こるのか 水面下で変わりゆく海の生態系』山本智之（講談社）

【参考Ｗｅｂサイト】（※Ｗｅｂサイトの情報は２０２４年３月３日時点アクセス可能）

- 気象庁（https://www.jma.go.jp/jma/）
- 環境省（https://www.env.go.jp/）
- 農林水産省「地球温暖化影響調査レポート」「農業生産における気候変動適応ガイド（水稲、りんご、うんしゅうみかん、ぶどう編）」
（https://www.maff.go.jp/j/seisan/kankyo/ondanka/index.html）
- 農林水産省「食品ロスとは」
（https://www.maff.go.jp/j/shokusan/recycle/syoku_loss/161227_4.html）
- 消費者庁「加工食品の表示に関する共通Q＆A」
（https://www.maff.go.jp/j/jas/hyoji/pdf/qa_ka_2_h2304.pdf）
- 世界資源研究所「What's Food Loss and Waste Got to Do with Climate Change? A Lot, Actually.」
（https://www.wri.org/insights/whats-food-loss-and-waste-got-do-climate-change-lot-actually）
- "Continuous monitoring and future projection of ocean warming, acidification, and

deoxygenation on the subarctic coast of Hokkaido, Japan（北海道の亜寒帯沿岸域における地球温暖化・海洋酸性化・貧酸素化の連続観測と将来予測）藤井賢彦、高尾信太郎、山家拓人、赤松知音、藤田大和、脇田昌英、山本彬友、小埜恒夫. Frontiers in Marine Science. 2021.
(https://www.hokudai.ac.jp/news/pdf/210615_pr.pdf)

- NOAA米国海洋大気庁「Climate & Chocolate」
(https://www.climate.gov/news-features/climate-and/climate-chocolate)
- 国立研究開発法人 農業・食品産業技術総合研究機構
「農研機構ガイドコミック」
(https://www.naro.affrc.go.jp/org/nilgs/guidecomic/04/e08.html)
- 国立研究開発法人 農業・食品産業技術総合研究機構
「(研究成果) 乳用牛の胃から、メタン産生抑制効果が期待される新規の細菌種を発見」
(https://www.naro.go.jp/publicity_report/press/laboratory/nilgs/144910.html)
- 株式会社明治「カカオ・チョコレート教室」
(https://www.meiji.co.jp/meiji-shokuiku/exp/cacao_class/)
- 株式会社明治「メイジ・カカオ・サポート」

（https://www.meiji.com/sustainability/cocoa/mcs/）

- 国立研究開発法人防災科学技術研究所「地震10秒診断」
（https://nied-weblabo.bosai.go.jp/10sec-sim/）

【画像提供・取材協力】

- 株式会社ウェザーマップ
- カルビーポテト株式会社
- 株式会社明治
- 株式会社斗々屋
- オイシックス・ラ・大地株式会社
- ｍｉｚｕｉｒｏ株式会社

片山美紀（かたやま・みき）
1991年大阪府生まれ。早稲田大学卒業後、2015年に気象予報士となり、ウェザーマップに所属。NHK総合「首都圏ネットワーク」や土日の「全国の気象情報」の気象キャスターを務めるほか、防災や地球温暖化などの講演、子ども向けお天気教室などのイベント制作にも取り組む。「備蓄防災食調理アドバイザー」として料理サイトNadiaにレシピを紹介している。著書に「気象予報士のしごと - 未来の空を予想して - 」（成山堂書店）がある。

地球環境を守るレシピ　温暖化でおいしいお米が食べられなくなる！？

2024年4月16日　　第1刷発行

著　者――― 片山美紀
発　行――― 日本橋出版
〒103-0023　東京都中央区日本橋本町2-3-15
https://nihonbashi-pub.co.jp/
電話／03-6273-2638
発　売――― 星雲社（共同出版社・流通責任出版社）
〒112-0005　東京都文京区水道1-3-30
電話／03-3868-3275
印　刷――― モリモト印刷

ISBN 978-4-434-33651-5